高等学校数字媒体技术专业系列教材

UI 设计

——从图标到界面完美解析

（第2版）

主　编　任　然　陈　甫
副主编　李欣欣　刘啸天
　　　　张晓颖　陶薇薇

重庆大学出版社

内容提要

本书全面系统地阐述了 UI 设计理念、创作过程、设计方法以及各类界面的设计技术等内容,结合 Photoshop 软件中常用的各种工具和方法,有针对性地剖析 UI 设计的设计思路和制作过程。全书共分为 7 章,分别介绍 UI 设计概述、Photoshop 功能、Illustrator 功能、按钮、导航、控件的设计、各类图形、图标设计等,并详细介绍了一系列综合项目的设计过程。

本书可作为普通高等院校数字媒体技术、计算机多媒体技术等专业的教学用书和参考书,也可供从事 UI 设计的广大设计师和设计爱好者参考。

图书在版编目(CIP)数据

UI 设计:从图标到界面完美解析/任然,陈甫主编
. --2 版. --重庆:重庆大学出版社,2019.8(2023.7 重印)
ISBN 978-7-5624-9676-2

Ⅰ.①U… Ⅱ.①任… ②陈… Ⅲ.①人机界面—程序
设计 Ⅳ.①TP311.1

中国版本图书馆 CIP 数据核字(2019)第 157607 号

UI 设计——从图标到界面完美解析

(第 2 版)

主 编 任 然 陈 甫

副主编 李欣欣 刘啸天 张晓颖 陶薇薇

策划编辑:杨粮菊

责任编辑:陈 力 版式设计:杨粮菊

责任校对:张红梅 责任印制:张 策

*

重庆大学出版社出版发行

出版人:饶帮华

社址:重庆市沙坪坝区大学城西路 21 号

邮编:401331

电话:(023) 88617190 88617185(中小学)

传真:(023) 88617186 88617166

网址:http://www.cqup.com.cn

邮箱:fxk@cqup.com.cn(营销中心)

全国新华书店经销

重庆正光印务股份有限公司印刷

*

开本:787mm×1092mm 1/16 印张:13.75 字数:343千

2016 年 2 月第 1 版 2019 年 8 月第 2 版 2023 年 7 月第 8 次印刷

印数:11 301—12 300

ISBN 978-7-5624-9676-2 定价:38.00 元

前 言

随着智能手机的普及以及 Android 系统、IOS 系统和随之而来的各种应用程序的兴起、人们获取信息的渠道更加丰富了,无论是在地铁还是在公交车上,都随处可见人们沉浸在智能手机的世界里浏览着各种信息。智能手机之所以具有如此大的魅力,在于其有别于传统手机,其作为一个最便捷的承载知识的平台可以通过无限多的应用程序呈现给用户无穷无尽的信息。

研究表明,一个好的 UI 设计不仅可让软件变得有个性、有品位,还能使软件的操作变得舒适、简单、自由,将会让人们在浏览的过程中获得更愉悦的体验并产生更强烈的再次浏览欲望。国内外众多 IT 公司均已成立了专业的 UI 设计部门,但专业人才稀缺,人才资源争夺激烈。目前国内 UI 设计专业的系统教学极其稀少,就业市场供不应求。

全书共分为 7 章,主要针对图形、图标、控件、软件界面设计中常用的思路、方法、步骤和具体案例由浅入深地进行讲解,以一个逐渐深化的方式为用户呈现设计中的基本思路和制作方法。每个章节都包含了设计师经过多年研究、特别筛选的平面 APP 设计经典案例,并用通俗易懂的语言将制作过程清晰地向读者展示出来,使读者在实践中获得对 UI 设计的独特领悟和思考。

本书适合普通高等院校、高职高专院校、各类 UI 设计培训中心作为 UI 设计相关课程的教材或辅导教材,同时也可作为 UI 设计爱好者,特别是手机 APP 设计人员和网页设计人员的学习参考用书。

本书由任然、陈甫、刘啸天、李欣欣、张晓颖、陶薇薇等人编写。由于编者水平有限,加之时间仓促,书中难免存在疏漏之处,真诚希望广大读者批评指正。

编　者
2018 年 12 月

目录

第 1 章
UI 设计

1.1　UI 设计概述

1.1.1　UI 设计的概念

UI 通常情况下被理解为界面美化设计——User Interface（用户界面）。UI 的重点在于研究客户的喜好和行为,如果客户能够通过设计者设计的界面感受到界面设计所传达的友好、亲切、简洁、舒适、易用,那么即为成功的 UI 界面设计。同时,UI 设计也是指对软件的人机交互、操作逻辑、界面美观的整体设计。好的 UI 设计不仅能使软件变得有个性有品位,还能使软件的操作变得舒适简单、自由,以充分体现软件的定位和特点。

软件设计可分为两个部分,即编码设计与 UI 设计。UI 的本意是用户界面,为英文 User 和 Interface 的缩写。从字面上看是由用户和界面两个部分组成,但实际上还包括用户与界面之间的交互关系。

在日新月异的电子产品中,界面设计工作一点点地被重视起来。做界面设计的“美工”也随之被称为“UI 设计师”或“UI 工程师”。实际上,软件界面设计就像工业产品中的工业造型设计一样,是产品的重要卖点。一个电子产品拥有美观的界面会给人带来舒适的视觉享受,以拉近人与商品的距离,是建立在科学性之上的艺术设计。检验一个界面的标准,既不是某个项目开发组领导的意见,也不是项目成员投票的结果,而是终端用户的感受。

1.1.2　移动 UI 设计和平面 UI 设计

通常情况下,根据移动客户端的特性,移动 UI 也常被通俗地称为手机 UI,手机 UI 的应用平台主要是各式各样手机的 APP 客户端。而平面 UI 设计的范围就非常广泛,其包括了传统意义上大部分的 UI 设计领域,如软件界面、网页、系统程序界面、平面广告、宣传海报等。移动 UI 因为其使用平台的高度特殊性而具有极强的独特性,如尺寸的要求、控件和组件的类型需要平面设计师根据实际情况重新调整审美基础。手机的界面设计可以做到完美,但需要无数设计师的共同努力和创新。很多设计师存在的问题是不能够合理进行布局,不能够合理地转化网站设计的框架理念到手机界面的设计上。他们常常会觉得手机界面限制非常多,导致创意发挥的空间太小,表达的方式也非常有限,甚至觉得非常死板。但是真实的情况并不是这样,了解手机的控件有多少,然后合理创意,便可创造出具有独特风格的移动 UI 设计。下面通过几个案例来欣赏移动 UI 设计和平面 UI 设计,仔细鉴别一下它们的相同点和不同点,如图 1.1—图 1.5 所示。

图 1.1　移动 UI 设计

图 1.2　平面 UI 设计

图 1.3　移动 UI 设计界面

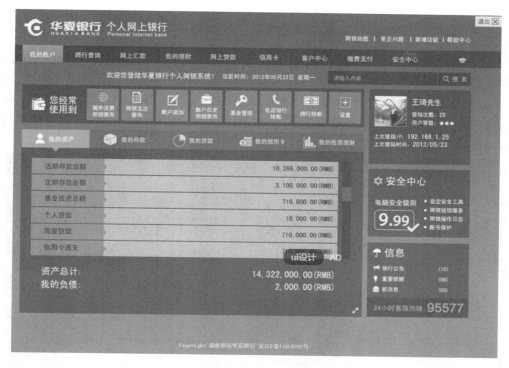

图 1.4　平面 UI 设计

（a）移动 UI 设计界面 1　　　　（b）移动 UI 设计界面 2

图 1.5　移动 UI 设计

1.1.3　用于 UI 设计的 Photoshop 软件

Photoshop 简称 PS，是 Adobe 公司旗下较为出名的图像处理软件之一。多数人对于 Photoshop 的了解仅限于"一个很好的图像编辑软件"，并不知道它的诸多应用方面，实际上，Photoshop 的应用领域很广泛的，在图像、图形、文字、视频、出版等各个方面都有涉及。而 UI 设计就是 Photoshop 软件的一个重要应用领域，图 1.6 所示为 Adobe Photoshop 的最新版本 Adobe Photoshop CC。

图 1.6　Adobe Photoshop CC

本书主要以 Photoshop 软件进行 UI 设计为主题，故应首先了解 Photoshop 与 UI 设计之间的关系。在进行 UI 设计和界面美化时，比较常用的工具软件是 Photoshop。除此之外还有其他的诸如 Adobe Illustrator、CorelDRAW 等软件也被用于 UI 设计，这也是根据设计者的个人爱好来决定的。但对于初学者来说，掌握 Photoshop 软件会比其他的图形图像处理软件更加容易上手，因此推荐 Photoshop 软件作为初学者学习 UI 设计的入门软件。

1.2　UI 设计的基本原则

要想设计出优秀的作品，首先应掌握一些设计中基本的原则性规则，在 UI 设计中，设计者遵循的这些原则性规则归纳起来如下所述。

（1）简易性原则

设计者设计的作品最终是供用户使用的，而过分华而不实的界面设计会让可用性大打折扣，因此界面的简洁就是要让用户便于使用、便于了解，并能减少用户发生错误选择的可能性，让使用的过程成为一次愉悦的体验。

（2）用户语言原则

对于设计者而言，在其设计的界面中要尽可能使用能反映用户本身的语言，而不是设计者的语言，故应站在用户的角度思考问题。

（3）记忆负担最小化原则

人的大脑毕竟不是计算机,在设计界面时必须要考虑人类大脑处理信息的限度。人类的短期记忆极不稳定,并且有限,有关研究显示,人的大脑 24 h 内存在 25% 的遗忘率。所以对用户来说,浏览信息要比记忆更容易,所以设计者要做的是尽可能让用户在愉悦的浏览,而不是花费过多的精力来记忆设计者要传达的各种信息。

（4）一致性原则

一致性指的是设计本身与所表达内容的一致,也是界面本身与软件内涵的一致,一致性是每一个优秀界面都具备的特点。界面的结构必须清晰且一致,风格必须与界面所承载的内容主题相一致。详细分析,一致性原则又包含下述 3 个方面。

1）设计目标的一致

在一个软件界面中往往存在着许多组成部分,如组件、元素等。这些不同的组成部分之间的交互设计目标需要一致。如果以计算机或移动终端操作用户作为目标用户,以简化界面逻辑为设计目标,那么该目标需要贯彻整个软件的整体,而不是局部。

2）元素外观的一致

交互元素的外观往往深刻地影响着用户的交互效果。同一个软件采用一致风格的外观,对于保持用户关注焦点,改进交互效果有非常大的帮助。遗憾的是如何确认元素外观是否一致却始终没有一个特别统一的衡量方法。因此需要设计者对目标用户进行不断的调查并取得有效的反馈,并运用这种反馈来作用于设计者的设计作品。

3）交互行为的一致

在交互模型中,对于不同类型的元素,当用户触发其对应的行为事件后,其交互行为也需要一致。如所有需要用户确认操作的对话框都至少包含“确认”和“放弃”两个按钮。对于交互行为一致性原则比较极端的理念是相同类型的交互元素所引起的行为事件必须相同。但是可以看到,这个理念虽然在大部分情况下正确,但是的确有相反的例子证明不按照这个理念设计,会更加简化用户操作流程。

（5）清楚明了原则

任何设计作品在视觉效果上应使用户便于理解和使用。用户可通过已掌握的知识来使用界面,但不应该超出普通使用者的一般常识和理解范围。因为用户总是会按照他们自己的方法理解和使用,所以设计者要想用户所想,做用户所做。此外,一个有序的界面还能让用户更加轻松的使用。

（6）安全、灵活、人性化原则

设计者的设计作品能够让用户在使用的过程中自由地作出任何操作和选择,且所有的操作和选择都是可逆的。在用户作出危险或不合理的选择时有信息介入系统的提示。研究表明,一次不安全或不成功的单击体验,会让软件本身在用户心中的形象大打折扣,会极大地降低用户对软件的喜好程度,甚至产生厌恶情绪,所以让用户方便而又安全地使用就显得尤为重要。此外在用户使用 UI 界面时增加互动多重性也非常必要,所谓互动的多重性是指不局限于单一的工具（包括鼠标、键盘或手柄、界面）。使用的高效率和用户的满意度是 UI 设计人性化的重要体现。

1.3　UI 设 计 的 风 格

　　众所周知,UI 设计则是指对软件的人机交互、操作逻辑、界面美观的整体设计。好的 UI 设计不仅要让软件变得有个性、有品位,还要让软件的操作变得舒适、简单、自由,并充分体现软件的定位和特点。互联网的迅猛发展,使得信息传播业面临一场深刻的变革,同时,基于互联网传播的界面设计也面临形式的多样化。目前界面设计中引起广泛、激烈争论的两种风格是扁平化与拟物化。

　　2013 年,手机 App 的扁平化设计已成为设计行业里较受欢迎的流行设计风格。当设计者说"Flat UI"时,其实指的是极简主义的设计方法,这种设计方法是在设计的过程中去掉浮华却显得多余的各种边框、阴影、纹理、变体、3D 元素等,呈献给使用者非常干净、简单的界面设计作品,这也就是界面设计中所说的扁平化设计。其实将"扁平化"一词用于移动终端界面设计的时间并不长,但它迅速取代了传统的拟物化设计风格而成为界面设计的主流,从软件开发公司到个人软件开发者,从互联网的行业巨头到手机 App 的开发团队,纷纷卷入这股扁平化的潮流中,扁平化设计实例如图 1.7—图 1.9 所示。

图 1.7　扁平化圆形图标设计

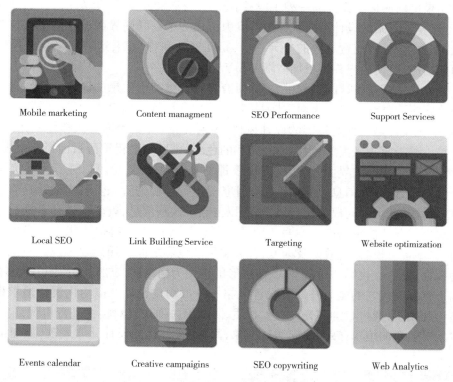

图 1.8　扁平化图标设计

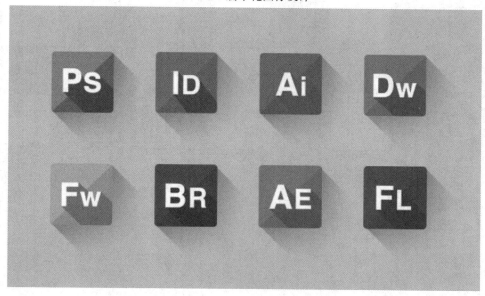

图 1.9　Adobe 家族扁平化长投影图标设计

1.3.1　扁平化界面的产生以及与拟物化界面的区别

2010 年,当 Windows Phone 开始推行扁平化设计时,受到的是世人的各种嘲笑;2011 年,当 google 公司推出的安卓 4.0 移动操作系统开始使用扁平化设计时,人们仅仅将这当作是安卓为了和苹果抗衡而标新立异的一种手段;2013 年,当苹果公司的 IOS7 系统开始走向扁平化时,这股迅速蔓延开来的设计风格犹如雨后春笋般成为了互联网界面设计的主流。在极简主义设计风格已成为一种流行趋势的今天,尤其是在网站和移动端,这种扁平化的风格通过简约和平面化的图标,使用户界面更加清晰并易于理解。

扁平化设计就是在设计的过程中,去除所有具有三维突出效果的风格和属性,也就是说,去除掉下落式阴影、梯度变化、表面质地差别,以及所有具有三维效果的设计效果。对于设计师来说,扁平化设计是一种实打实的设计风格,不要花招,不要粉饰。从整体的角度来讲,扁平化设计是一种极简主义美学,附以明亮柔和的色彩,最后配上粗重醒目而风格复古的字体。扁平化设计简化了按钮的界面元素,既可让设计更具有现代感,也可以强有力地突出设计中最为重要的内容:内容和信息。故扁平化设计备受设计师们的青睐。其实设计具有三维效果的属性,本身就是某个时间段的流行风格,所以去除了这些信息,就能让设计者的设计不那么容易过时。更何况还能突出内容本身。因此扁平化设计风格具有很多优点。扁平化按钮务求形状简单,不带有投影、光效以及渐变,色彩扁平。色彩之间对照感要强,从而提高辨识度。但是事物都在发展,长投影、3D 扁平式、多边形的应用为扁平化按钮设计加入了更多的变数。

被扁平化取而代之的是另外一种设计风格——拟物化设计。拟物化设计追求模拟现实物品的造型和质感,通过叠加高光、纹理、材质、阴影等各种效果对实物进行再现;扁平化设计则摒弃以上对效果的追求,转而追求通过抽象、简化、符号化的设计元素表现,如图 1.10—图 1.15 所示。

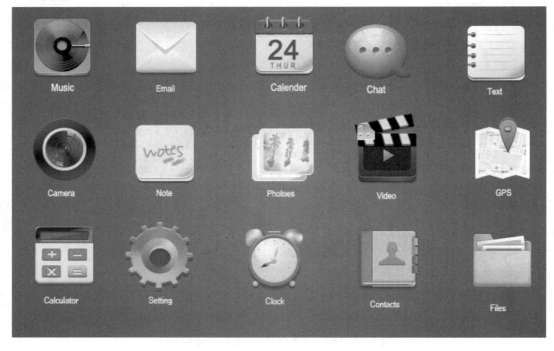

图 1.10　拟物化图标设计 1

图 1.11   拟物化图标设计 2

图 1.12   拟物化图标设计 3

图 1.13　扁平化图标设计 1

图 1.14　扁平化图标设计 2

图 1.15　扁平化图标设计 3

1.3.2　扁平化产生的必然性

正如在现代社会里,设计物象的简化有着其不可逆转的历史必然趋势一样,扁平化风格的产生和兴起也有其必然性。

其一,早在互联网产品普及度不高的时期,在计算机显示图形图像都还比较单调、乏味时,拟物化本着真实还原实际物体的设计特点有其独特的视觉效果,尤其对于孩子和老人来说,拟物化设计更具象、更直观、更有趣。但是,随着数码科技的发展,拟物化的好处日益减少,随之带来的是设计时间的加长、人力成本和开发成本的增加,而相比之下扁平化设计开发相对简单,更容易实现大规模产出。

其二,扁平化设计主要突出内容主题,减弱了各种渐变、阴影、高光等视觉效果对用户视线的干扰,能让用户更加专注于内容本身,减少信息层级的复杂性。

其三,互联网产品审美趋势的变化也是促进扁平化设计产生不可忽略的因素之一。从设计史中可以看出,论天下设计,繁久必简。当人们满眼充斥繁杂的拟物效果时,简洁、朴素的设计反而让人耳目一新。当然这种简洁不仅是形式上的简化,更多的是一种信息层级的简化,更加准确地呈现关键信息,自然受到人们的喜爱。

1.3.3　扁平化与拟物化的矛盾统一

扁平化与拟物化是否真的绝对对立、势不两立呢? 其实在一般意义上,扁平化设计风格和拟物化设计风格严格说来并没有一个明确、清晰的界限,事实上,扁平化设计风格的精神在于功能上的简化与重组。相对于拟物化设计风格而言,扁平化设计风格的一个巨大优势就在于其可以更加简洁、更加直接地将信息和事物的工作方式展示出来,让用户使用起来更加高效。拟物化则是特定时期的一个特定过渡,就好比在现代主义产生之前要经历一场新艺术运动一样。对于未来人来说,要将一个音乐播放器的 App 特地设计成实体音乐播放器的样子一定是不可取的。众所周知,一切存在的事物都有其合理性,因此,扁平化与拟物化是两种既相互矛盾又相互统一的设计风格,代表了不同时期人们对设计的不同需求,故在本质上并不冲突也不矛盾。

1.4　完整的 UI 设计流程

随着人类社会逐步向非物质社会迈进,互联网信息产业已经迅速走入人们的生活。在这样一个非物质的社会中,网站与软件这些非物质产品再也不像过去那样紧紧靠技术就能处于不败之地。工业设计开始关注非物质产品。但是在国内依然普遍存在这样一个称呼"美工"。在有些人的理解中,"美工"的意思就是没有思想紧紧靠体力工作的人,这是一个很愚昧的想法。愚昧在于一方面称呼职员美工的企业没有意识到界面与交互设计能给他们带来的巨大经济效益;另一方面愚昧在于被称为美工的人不知道自己应该做什么,以为自己的工作就是每天给界面与网站勾边描图。

在此我们为读者讲述一套比较科学的设计流程,以此来描述 UI 界面设计属于工业设计的范畴,其是一个科学的设计过程、理性的商业运作模式,而不是单纯的美术描边。

UI 的本意是 User Interface,也就是用户与界面的关系。其包括交互设计、用户研究与界面设计 3 个部分。本部分主要讲述用户研究与界面设计的过程。

一个通用消费类 UI 界面的设计大体可分为 5 个步骤,如图 1.16 所示。

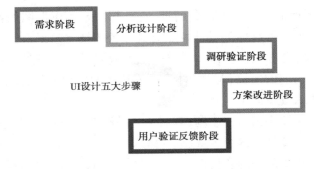

图 1.16　UI 设计五大步骤

1.4.1　需求阶段

软件产品依然属于工业产品的范畴,依然离不开 3W 的考虑(Who,Where,Why),也就是使用者、使用环境、使用方式的需求分析。所以在设计一个软件产品之前设计者应该明确产品为什么人所用(用户的年龄、性别、爱好、收入、教育程度等);什么地方用(在办公室/家庭/厂房车间/公共场所)。如何用(鼠标键盘/遥控器/触摸屏)。上面的任何一个元素改变,其结果都会有相应的改变。

除此之外,在需求阶段同类竞争产品也是设计者所必须了解的。同类产品比新设计产品提前问世,新产品设计要比其他产品做得更好才有存在的价值。那么单纯地从界面美学考虑说哪个好哪个不好是没有一个很客观的评价标准的。设计者只能说哪个更合适,更合适于我们最终用户的就是最好的。如何判定最合适于用户呢,后面的内容将会详细介绍。

1.4.2　分析设计阶段

通过分析上述需求,现进入设计阶段,也就是方案形成阶段。设计者设计出几套不同风格的界面用于被选。首先设计者应制作一个体现用户定位的词语坐标。例如设计者为 25 岁左右的白领男性制作家居娱乐软件。对于这类用户分析得到的词汇有:品质、精美、高档、高雅、男性、时尚、cool、个性、亲和、放松等。在分析这些词汇时设计者会发现有些词是绝对必须体现的,例如品质、精美、高档、时尚。但有些词是相互矛盾的,必须放弃一些,例如亲和、放松与 cool、个性等。设计者画出一个坐标,上面是必须用到的品质,即精美、高档、时尚。左边是贴近用户心理的词汇:亲和、放松、人性化;右边是体现用户外在形象的词汇:cool、个性、工业化。然后设计者开始搜集相呼应的图片,并放在坐标的不同点上。这样根据不同坐标点的风格,设计者可设计出数套不同风格的界面。

1.4.3　调研验证阶段

几套设计方案风格必须保证在同等的设计制作水平上,不能明显看出差异,这样才能得到用户客观的反馈。

测试阶段开始前设计者应对测试的具体细节进行清楚的分析描述。

例如:

数据收集方式:厅堂测试/模拟家居/办公室。

测试时间:2015 年 10 月 14、15 日。

测试区域:重庆、成都、西安。

测试对象:某消费软件界定市场用户。

主要特征:对计算机的硬件配置以及相关的性能指标比较了解,计算机应用水平较高;计算机使用经历一年以上;家庭购买计算机时品牌和机型的主要决策者;年龄为 25—30 岁;年龄在 35 岁以上的被访者文化程度为大专及以上;个人月收入 5 000 元以上或家庭月收入10 000元及以上。

样品:5 套软件界面。

样本量:10 个,实际完成 10 个。

调研阶段需要从下述几个问题出发:用户对各套方案的第一印象;用户对各套方案的综合印象;用户对各套方案的单独评价;选出最喜欢的;选出其次喜欢的;对各方案的色彩、文字、图形等分别打分。结论出来后请所有用户说出最受欢迎方案的优缺点。

所有这些都需要用图形表达出来,以直观科学。

1.4.4　方案改进阶段

经过用户调研,设计者得到目标用户最喜欢的方案。而且还可以了解到用户为什么喜欢,还有什么遗憾等,这样设计者就可以进行下一步修改了。此时设计者应将精力投入一个方案上(这里指不能换皮肤的应用软件或游戏的界面)并将方案做到细致精美。

1.4.5　用户验证反馈阶段

改正以后的方案可以推向市场。但是设计并没有结束。设计者还需要用户反馈,好的设计师应该在产品上市以后去销售第一线。零距离接触最终用户,看看用户真正使用时的感受,为以后的升级版本积累经验资料。

经过对上述设计过程的描述,大家可以清楚发现,界面 UI 设计是一个非常科学的推导公式,它包含设计师对艺术的理解感悟,但绝对不是仅仅表现设计师个人的绘画。所以一再强调 UI 界面设计的工作过程是设计过程,而不仅仅是美工。

1.4.6　UI 设计的典型工作步骤

根据上述几个阶段,设计者又选取了重庆市某设计公司进行一个手机 App 的 UI 界面设计过程中经历的详细工作步骤和工作内容,以便读者能够更好地了解一名合格的设计师是怎样设计出一套优秀的 UI 设计作品的。

①熟悉行业(熟悉您的软件所涉及的行业,以便制作出适合行业特征的界面风格)。

②了解软件(了解您的软件的工程进度,作出针对相应进度的工作计划)。

③与软件开发工程师和市场人员讨论界面风格(广泛听取研发和市场人员的意见,作出最适合市场的软件)。

④人机分析(对您的软件进行人机分析,增强软件的易用性)。

⑤做方案(做出设计方案,并明确细节思想)。

⑥审定方案(与技术和市场人员一起审定方案,并听取修改意见)。

⑦修改—审定(将有几次重复)。

⑧细化、制作界面(开始制作软件界面)。

⑨与软件开发工程师合作将界面加入程序中。

⑩细部修改,完成。

⑪进行软件包装盒、光盘盘面、盘套等的设计工作。

⑫后期跟踪服务。

以上介绍的只是一个典型的设计步骤,不同的设计师、不同的设计公司都有自己习惯的方法和行为习惯,设计者可以在需求、分析设计、调研验证、方案改进、用户验证反馈这几个阶段的基础上自己选择最适合自己的设计步骤和方法。

1.5　UI 设计师需要掌握的技术

一个合格的 UI 设计师,从技术层面来说,需要熟练掌握 UI 设计的基本软件,如 Adobe Photoshop、Adobe Illustrator 等,还需要一定的美术设计能力,因为 UI 设计给人最直观的感受就是做出漂亮实用的界面设计,界面设计就像工业产品中的工业造型设计一样,是产品的重要卖点。一个友好美观的界面会给人带来舒适的视觉享受,拉近人与计算机的距离,为商家创造卖点。界面设计不是单纯的美术绘画,其需要定位使用者、使用环境、使用方式并且为最终用户而设计,是纯粹的科学性的艺术设计。检验一个界面的标准既不是某个项目开发组领导的意见,也不是项目成员投票的结果,而是最终用户的感受。所以界面设计要和用户研究紧密结合,是一个不断为最终用户设计满意视觉效果的过程。

对于一名好的 UI 设计师而言,用户是其服务的对象,了解用户的想法、抓住用户的心理、满足用户的意愿、提升用户的体验是设计者追求的目标。因此,用户研究是设计过程中必不可少的一个环节。用户研究包含两个方面:一是可用性工程学(Usability Engineering),研究如何提高产品的可用性,使得系统的设计更容易被人使用、学习和记忆;二是通过可用性工程学的研究,发掘用户的潜在需求,为技术创新提供另外一条思路和方法。用户研究是一个跨学科的专业,涉及可用性工程学、人类功效学、心理学、市场研究学、教育学、设计学等学科。用户研究技术是站在人文学科的角度来研究产品,站在用户的角度介入产品的开发和设计中。用户研究通过对用户的工作环境、产品的使用习惯等研究,使得在产品开发的前期能够将用户对于产品功能的期望、对设计和外观方面的要求融入产品的开发过程中,从而帮助企业完善产品设计或者探索一个新产品概念。这即是得到用户需求和反馈的途径,也是检验界面与交互设计是否合理的重要标准。

最后,UI 设计师还需要掌握很好的交互设计能力和方法,这部分是人与机之间的交互工程,在过去的交互设计中也由程序员来完成,其实程序员擅长编码,而不善于与最终用户交互。所以,很多软件虽然在功能上比较齐全,但在交互方面设计得很粗糙,烦琐难用,学习困难。故将交互设计从程序员的工作中分离出来使其单独成为一个学科,也就是人机交互设计。其目的在于加强软件的易用、易学、易理解,使计算机真正成为方便地为人类服务的工具。

一个好的 UI 设计对产品的成功起着至关重要的作用。UI 所做的就是用户最先接触到的东西,也是一般性的用户唯一接触到的东西。用户对于界面视觉效果和软件操作方式的易用性的关心,要远远大于其对底层到底用什么样的代码去实现的关心。如果说程序是一个人的肌肉和骨骼,那么 UI 设计就是人的外貌和品格!两者同样都是一个成功的软件产品必不可少的重要组成部分。

在一些软件业比较发达的国家,软件产品的 UI 设计过程贯穿了软件开发的整个过程,而且是必不可少的。而在中国,产品 UI 设计并没有被广泛接受,就算是已经有了 UI 设计师的一些企业仍然没有对产品的 UI 有足够的重视。一般来说,大部分 UI 设计师会将重点放在如何使用代码以实现自己所需要的功能,这只是一个成功软件产品的一个部分,一个优秀软件产品的开发过程应该是由 4 个部分组成,如下所述。

①软件产品的设计(业务建模)。

②系统的设计(技术建模)。

③分单元的开发(将软件各个部分拆分为单元编写代码)。

④测试(分为单元测试、系统集成测试和产品功能测试),这些是软件研发部门需要做的工作。

除去以上软件开发过程的 4 个部分,开发过程还有用户需求和用户验收测试,这两个过程是由市场部门和产品用户一起完成。所以说用代码实现产品功能(coding 过程)只是软件开发的一个步骤。从 UI 设计的角度来看,作为 UI 设计人员,其需要全程参与软件开发过程,而不只是在某一个步骤参与,现在在大多数软件企业里 UI 设计师只是在产品的 coding 过程时才实质性地参与到软件开发过程中,而在其他几个步骤,只是参加甚至根本没有参加(在这里需要强调"参与"和"参加"是两个词的不同概念,"参与"指的是完全加入开发行列开始进入设计阶段,而"参加"指的只是旁听会议或者提出一些简单的意见,并没有开始进入设计阶段),这样就会大大降低软件产品的开发效率而使开发成本成倍上升,甚至导致整个产品的不成功! 这并不是危言耸听,下面分析一下在一个软件产品的开发过程中 UI 设计应怎样做、做到什么地步才能避免上述提到的那些问题。

软件开发过程的几个步骤如下所述。

①产品建模。

②技术建模。

③分模块开发。

④测试。

现在根据这 4 个部分进行讨论。

(1) 产品建模时期

首先来了解一下"输入"和"输出"。在 UI 设计里,输入和输出是两个很重要的概念,经常会有人提到"我们有一个软件产品需要美化一下。"这句话是 UI 设计工作的开始,然而这个软件是给谁用的? 是用来干什么的? 相关设计者却一无所知! 成功的 UI 设计首先要有完整的"输入",怎样才能称为完整的"输入"呢? 这就需要 UI 设计师从整个软件产品的策划阶段开始介入,在产品用户(也就是客户)向市场部门或者产品部门提出产品需求的时候就要开始参与产品策划开发过程,这部分对于 UI 设计师而言就是第一个输入阶段,并且在这个阶段里,UI 设计师也需要提出一些对产品交互设计的意见,以便产品部门在做产品设计时更多地考虑产品的交互性和功能的简单表现原则。有很多软件在设计阶段就被加入了许多并不实用的附加功能,其实一个好的软件设计就是要用最简单的结构实现用户的想法,一些可有可无的功能看上去很花哨但往往会影响用户的判断能力,这即是产品优化的一些概念了。需要深入研究的设计者可以阅读一些有关于产品优化的书籍甚至是心理学的书籍,有很多人认为软件的优化就是代码的优化(用最少的代码实现产品功能),在笔者看来,这只是程序的优化,是针对程序员而言的,而不是整个软件产品的优化,产品优化包含了交互设计,现在的多数软件企业并没有专门做这一部分的交互设计师,所以被忽略,其实这一部分工作应该由 UI 设计师承担,因为 UI 设计不仅是图形界面的设计,就算部分企业内部有这样的优化人员或者交互设计师,他们也需要与 UI 设计师一起配合才能完成产品交互设计,作为 UI 设计师,产品的交互性和易用性是在做设计时必须考虑的。

产品设计人员经常不会过多地考虑简单易用原理,也就是产品出来用什么样的组合形式表现给用户,这也是 UI 设计师考虑得最多的事情,所以 UI 设计师一定要在产品建模期间参与设计,给产品设计师一些意见。作为一名优秀的 UI 设计师还要在了解产品的需求之后更深入地了解这个产品的使用环境和用户群体的使用习惯,同时还需要了解市场上的同类软件产品的设计方案并研究其优缺点,以便设计师在设计时取长补短。在产品建模之后,一般都会由产品设计人员给客户做一次功能设计讲解,这样的讲解往往只是文字性质的,需要让客户充分想象才能够完全理解,这就会造成很大的隐患。有的客户根本无法理解设计师的讲解甚至对这样的讲解根本不认真听,因为他们不懂或者缺乏耐心,在讨论过程中他们经常会同意产品设计人员的一切设计想法,但是在进行产品测试时他们又会提出种种不满意,这些是普通软件公司都会遇到的也是最令其头疼的事情,但这并不能责怪客户,因为客户只会关心视觉效果和软件的操作,而并不会去关心设计师们是怎样实现这一切的。这种情况带来的直接后果就是产品的反复修改,导致开发成本成倍上升,应怎样避免呢?这就需要 UI 设计师做出一个产品整体效果的"demo"。这个 demo 用图片的形式表现即可,只需将要体现的产品界面做一个简单拼凑即可,因为这并不是产品的最终样子,只是协助产品设计人员给客户讲解产品设计。在产品建模时期,UI 设计师就要了解客户的要求想法和产品设计人员对产品功能的要求,并深入了解产品,采集用户的使用需求、使用环境和使用习惯,了解市场同类产品的设计,分析它们的优缺点,协助产品设计人员完成产品建模过程并制作产品展示 demo,模拟用户对主要功能的操作过程和界面呈现,生成交互原型(产品的交互性和易用性问题基本上都需要在产品建模的时期解决)。如果时间允许设计师甚至可以提出一份"UI 设计分析报告",这份报告可以附在产品设计说明后,以更有效地帮助客户了解产品设计并且帮助开发人员更好地遵循 UI 的整体要求来完成开发工作,这个时期的关键是"交互设计"。

(2)技术建模时期

在技术建模时期,UI 设计师已经了解了软件产品的功能需求并且拿到了一份产品设计人员的产品设计说明,即可进入界面样式的设计过程了。这时设计师应该更多地考虑产品的整体风格和界面的设计,通常设计师会做出几份方案供客户选择。有些客户会要求产品遵循一个整体的 UI 设计标准,那么就需要按照一个整体的已定风格去设计软件的界面,并且与客户公司的企业形象吻合。在这个时期,软件的 UI 设计进入了美术设计阶段,设计师需要制订整个软件的风格,塑造软件的整体形象,并且具体地描述每一个界面中的元素和布局、文字字体等信息。在这个阶段中,每个 UI 设计师需各自发挥艺术专长,用最简洁、最漂亮的界面表现软件产品。需要注意是,在设计整体风格时一定要深入了解这个产品的理念,看看它是干什么用的。不同的产品要有不同的风格,不同的产品、同类的产品不同的内容、不同的传播介质,这些都会决定 UI 设计的风格。

①不同的产品。例如一个游戏产品,其需要将界面做得花哨一些或者用大的图片充斥;如果是一个应用软件就需要突出使用方便和强大的功能,设计要简洁。

②同类的产品不同的内容。例如一个可爱的游戏产品(类似卡通类游戏)就需要将界面做得活泼生动可爱一点;如果是一个角色扮演的战斗类游戏(类似枪战闯关类游戏)就要做得酷一点深沉一些。

③不同的传播介质。部分软件产品需要在网络上传播,那么就需要设计师考虑到网络速度的问题;有的利用光盘当作介质那么这样的软件就可以做一些比较花哨的效果。所以说不同的产品还需要从不同的方面考虑,这需要 UI 设计师多了解产品,并保持与客户交流。还需要重点注意的是,设计师在做图形化设计的过程中一定要贯彻前一个阶段做好的交互设计,始终注意产品的交互性和易用性。在设计过程中,要做出每种结构每一个步骤的效果图,不能只提供图标、按钮、背景图等图片,如果这样的话,程序员根本不知道这些东西该往哪放,在

这个时期设计师就要最终确定软件界面的呈现形式。技术建模一般是由高级程序员完成的，他们会将整个软件开发分为一个个功能模块，分配给一个个的开发小组。但是这些负责技术建模的高级程序员考虑得更多的往往是如何将整个设计用代码实现、怎样才能更有效地重复使用以前已有的模块等，而不是软件是什么模样以及会有什么样的风格，所以 UI 设计师必须主动出击，多和他们交流以保证自己的想法能够完整实现，如果有技术实现的问题设计师还要及时作出修改，有时候设计师还需要根据客户或者产品的特定需求做一些延伸性的设计（也称为 UI 产品设计的外延），其包括，软件的安装导航界面、产品的演示宣传动画、一些附带的桌面壁纸或者屏幕保护、代表软件的卡通小精灵、有时还会被要求设计软件的 logo 和广告 banner 等。技术建模时期的关键是"风格和界面设计"。

（3）分模块开发时期

在分模块开发时期，软件开发过程进入实现阶段，也是需要人力最多的时期，这样就会分散 UI 设计师的精力。软件会被切分为若干个小的模块进行代码编写，最后将其整合成一个完整的软件产品。对于一个程序员来讲，他们大多不会考虑产品应该是什么样子以及应该具有什么整体风格，他们所考虑的只是如何用代码实现设计的要求，而且现在的软件企业大多都实现了模块的复用，这样会大大地节约人力成本，那么程序员只是对原有模板进行修改使之适应新的软件产品，这样就会对 UI 设计的最终贯彻和实现带来很大的麻烦。做出的每一个模块虽然已经能够使用但是都是"各自为政"。并没有实现统一，因此设计师也需要主动地协助和监督程序员完整地实现 UI 设计的要求，如果有技术无法实现的问题需要及时沟通并改正设计方案。有时有些模块需要有单独的风格，比如一些已有的软件产品需要集合到某一个新的产品中去，这样就加大了设计师的设计难度，设计师必须要在保证产品整体风格不变的情况下将原有产品的设计风格集合进去，使之更加适合新的产品表现形式。如果仍旧保持原有产品的风格，那么当各个模块集合起来之后，会使新的产品给用户以很松散的感觉，进入每一个功能都会觉得是另外一个软件，令人对软件的印象不深刻。在这个阶段，设计师还是要主动一些，跟进各个模块界面的实现，这样才能将设计完美展现。

当软件集成到一起，就是很多不同风格的东西堆砌到一起，从头到尾都不是那么契合，会造成领导或者客户的不满，最终得出 UI 设计做得不到位的结论。让一个用户评论一个软件，他们只会说这个软件好用，并且看上去也不错，挺漂亮的，但是作为一个普通用户绝不会有人说这个软件程序写得不错。这体现了在软件开发之中，主要的冲突是 UI 设计师和程序员之间的冲突，其实这只是表面的表现形式，实质上该现象体现了现在软件企业的一个"通病"，即开发组之间的协作关系混乱，程序员和 UI 设计师之间是平级协作关系，程序员是不会对产品负责的，这样看来，UI 设计师只应该按照项目经理的安排做事，无论对设计做什么样的改动或者增添什么样的东西，都应由开发项目经理和产品经理协商之后决定，只有他们可以对最终的产品负责。这样也可以避免很多程序员和 UI 设计师之间的争执与矛盾。但是现在大多数软件企业的产品经理和开发项目经理没有做到这一点，他们也根本不了解 UI 设计师和程序员的工作，也无法把握他们的工作量，这样无序的管理会造成不良的后果。其实可以尝试建立一些合理的流程管理制度，就算企业没有作为，UI 设计师也可以自己起草一份适合自己和企业的"UI 设计需求申请单"，里面列出设计师需要的"输入"内容、工作时间、最终的"输出"结果等栏目（可以根据要求自己灵活决定）。这样可形成一个有参与人、有依据、有存底的工作流程,出现问题或者争执时设计师有据可依,这只是一个习惯性的东西,因不同的企业而议,不一定都要建立需求单。在分模块开发时期 UI 设计师应该做的是,在模块开发的前期做出产品每个模块的效果 demo(可以用图片的形式表现),要求程序员按照 demo 的样式进行模块开发,协助和监督程序员严格按照 UI 设计要求生成最终产品,把握各个模块的统一,经常了解程序员的工作进展,及时对不合理或者难以实现的设计进行讨论,并设计出新的方案。分模块开发时期的关键是"协助和监督程序员生成最终产品"。

（4）测试时期的输入和输出

软件产品的测试分为 3 个测试阶段:第一个阶段是分模块开发完成之后每一个模块进行的单元测试;第二个阶段是将各个单元集成为一个整体的产品进行集成测试;第三个阶段就是整个产品在交付使用前进行的整体测试。在测试过程中 UI 设计师的任务会相对轻松一些,其只需跟着测试人员走几遍流程,如果在其中发现没有按照 UI 设计要求的部分及时要求更改即可。设计师还会经常遇到客户在测试过程中突然觉得哪里不合适需要修改,这也是令人头疼的事情,故在修改过程中设计师还是需要先做出效果图,让客户确定再具体实施,这样可以避免很多麻烦。测试时期的关键是"检查整个产品发现问题及时改正"。

现在的软件越来越多地考虑到人的因素,"以人为本"的设计理念贯穿了软件产品开发的始终,因此软件产品的 UI 设计过程较为重要的两个部分就是行为和构造,也就是交互设计和界面设计。由按照软件开发的 4 个阶段,逐个地分析每个时期 UI 设计的任务可以看出,UI 设计并不完全是一个美术设计的过程,还有很重要的一个部分就是交互性和易用性的设计。

1.6　UI 设计师的就业前景

随着 21 世纪互联网大发展以及近几年移动互联网产业爆发式的增长,UI 设计师,尤其是移动 UI 设计已经受到众多设计师的青睐,归其原因主要有下述 3 点。

①App UI 设计是一个崭新的职位,也是设计师们不断追求新鲜刺激感觉的源动力,具有极强的挑战性。

②每个新兴产业都有一个漫长的发展期、壮大期、鼎盛期,越早投入其中,越能占领行业制高点。

③一个热门的职业会给从业者带来丰厚的价值回报,成功的 UI 设计师意味着高技术、高收入,是当今社会炙手可热的精英人才。

1.7　出色的 UI 设计欣赏

现展示几个国内外优秀的 UI 设计,如图 1.17—图 1.25 所示。

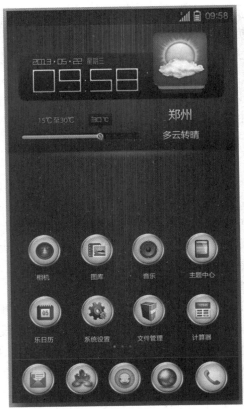

图 1.17　手机 UI 设计 1

图 1.18　手机 UI 设计 2

图 1.19　手机 UI 设计 3

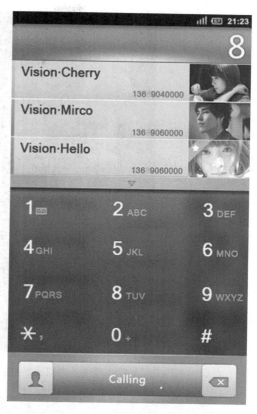

图 1.20　手机 UI 设计 4

图 1.21　拟物化图标 UI 设计

图 1.22　扁平化人物图标设计

图 1.23　质感图标 UI 设计 1

图 1.24　质感图标 UI 设计 2

图 1.25　质感图标 UI 设计 3

第 2 章
Photoshop 功能概述

在 UI 设计中,最基础的、最常用的、最受欢迎的计算机辅助设计软件是 Adobe Photoshop,人们通常简称为 PS,其是一个功能强大的、可对任意图形图像进行编辑修改的软件,而设计师从事的 UI 设计工作其实就是对图形图像按照设计者的想法进行编辑和塑造。所以在学习 Photoshop 之前,应先弄清楚一个概念,即什么是图形图像。

2.1 图形图像

图像所包含的信息是用像素来度量的,就像细胞是组成人体的最小单元一样,像素是组成一幅图像的最小单元。图像的描述与分辨率和色彩的颜色种数有关,分辨率与色彩位数越高,其占用存储空间就越大,图像也越清晰。

图形又被称为矢量图(Vector Drawn),是根据几何特性绘制而成的。在后续章节中将会详细介绍。

2.1.1 图像文件格式

图像格式即图像文件存放的格式,通常有 JPEG、TIFF、RAW、BMP、GIF、PNG 等。由于数码相机拍摄的图像文件很大,而储存容量却有限,因此图像通常都会经过压缩后再储存。下面简单地介绍一下几种常见的图片格式。

(1)JPEG、JPG 格式

JPEG、JPG 全称为联合图形专家组图片格式,最适合于使用真彩色或平滑过渡式的照片和图片。该格式使用有损压缩来减少图片所占存储空间的大小,因此用户将看到随着文件的压缩,图片的质量也下降了,当图片转换成 .jpg 文件时,图片中的透明区域将转化为纯色。

(2)BMP 格式

BMP(Windows 标准位图)是较为普遍的点阵图格式之一,也是 Windows 系统下的标准格式,是将 Windows 下显示的点阵图以无损形式保存的文件,其优点是不会降低图片的质量,但文件占用的存储空间比较大。

（3）TIFF 格式

TIFF（Tag Image File Format）是 Mac 中广泛使用的图像格式，其由 Aldus 和微软联合开发，最初是基于跨平台存储扫描图像的需要而设计的。其特点是图像格式复杂、存储信息多。正因为其存储的图像细微层次的信息非常多，使图像的质量也得以提高，故而非常有利于原稿的复制。

TIFF 格式有压缩和非压缩两种形式，其中压缩可采用 LZW 无损压缩方案存储。不过，由于 TIFF 格式结构较为复杂且兼容性较差，因此有的软件可能不能正确识别 TIFF 文件（现在绝大部分软件都已解决了这个问题）。目前在 Mac 和 PC 机上移植 TIFF 文件也十分便捷，因而 TIFF 已成为在计算机上使用较为广泛的图像文件格式之一。

（4）PSD 格式

PSD 格式是著名的 Adobe 公司的图像处理软件 Photoshop 的专用格式（Photoshop Document，PSD）。PSD 其实是 Photoshop 进行平面设计的一张"草稿图"，里面包含有图层、通道、遮罩等多种设计的样稿，以便于在下次打开文件时可以修改上一次的设计。在 Photoshop 所支持的各种图像格式中，PSD 的存取速度比其他格式快很多，功能也很强大。由于 Photoshop 越来越被广泛地应用，所以这种格式也会逐步流行起来。

（5）PNG 格式

PNG 格式（可移植的网络图形格式）适合于任何类型、任何颜色深度的图片，也可以用其来保存带调色板的图片。PNG 格式使用无损压缩来减少图片的存储空间，同时保留图片中的透明区域，所以文件也略大。尽管该格式适用于大部分的图片，但有的 Web 浏览器并不支持它。

（6）GIF 格式

GIF（图形交换格式）最适合用于线条图（如最多含有 256 色）的剪贴画以及使用大块纯色的图片。该格式使用无损压缩来减少图片的存储空间，当用户要保存图片为". GIF"时，可以自行决定是否保存透明区域或者转换为纯色。同时，通过多幅图片的转换，GIF 格式还可以保存动画文件。但需要注意的是，GIF 最多只能支持 256 色。

目前，网页上较普遍使用的图片格式为 gif 和 jpg（jpeg）这两种图片压缩格式，因其在网上的装载速度很快，所有较新的图像软件都支持 GIF 、JPG 格式，因此，要创建一张 GIF 或 JPG 图片，只需将图像软件中的图片保存为这两种格式即可。

2.1.2 像素与分辨率

（1）像素

像素的中文名为图像元素（pixel）。从定义上看，像素是指基本原色素及其灰度的基本编码。其是构成数码影像的基本单元，通常以像素每英寸 PPI（pixels per Inch）为单位来表示影像分辨率的大小。

例如 300×300 PPI 分辨率，即表示水平方向与垂直方向上每英寸长度上的像素数都是 300，也可表示为 1 in^2 内有 9 万（300×300）像素。

数字化图像的彩色采样点（例如网页中常用的 JPG 文件）也称为像素。由于计算机显示器的类型不同，其可能和屏幕像素的有些区域不是一一对应的。在这种区别很明显的区域，图像文件中的点更接近纹理元素。

(2)分辨率

分辨率(Image resolution),也称其为解像度、解析度、解像力。分辨率分为图像分辨率、屏幕分辨率、打印分辨率等,这里将重点介绍图像分辨率。

图像分辨率(Image Resolution)是指图像中存储的信息量。这种分辨率有多种衡量方法,典型的是以每英寸的像素数(PPI,pixel per inch)来衡量。当然也有以每厘米的像素数(PPC,pixel per centimeter)来衡量的。图像分辨率是单位英寸中所包含的像素点数。使用者可以将整个图像想象为一个大型的棋盘,而分辨率的表示方式就是所有经线和纬线交叉点的数目。图像分辨率决定了图像输出的质量,图像分辨率和图像尺寸(高宽)的值一起决定了文件的大小,且该值越大图形文件所占用的磁盘空间也就越多。图像分辨率以比例关系影响着文件的大小,即文件大小与其图像分辨率的平方成正比。如果保持图像尺寸不变,将图像分辨率提高一倍,则其文件大小增大为原来的 4 倍。

分辨率决定了位图图像细节的精细程度。在通常情况下,图像的分辨率越高,所包含的像素就越多,图像就越清晰,印刷的质量也就越好。同时,其也会增加文件占用的存储空间。描述分辨率的单位有 dpi(点/in)、lpi(线/in)和 ppi(像素/in)。但只有 lpi 是描述光学分辨率的尺度的。虽然 dpi 和 ppi 也属于分辨率范畴内的单位,但是其含义与 lpi 不同。而且 lpi 与 dpi 无法换算,只能凭经验估算。

分辨率是度量位图图像内数据量多少的一个参数。通常表示成每英寸像素(pixel per inch,ppi)和每英寸点(dot per inch,dpi),包含的数据越多,图形文件的长度就越大,也就能表现更丰富的细节。但更大的文件需要耗用更多的计算机资源、更多的内存、更大的硬盘空间等。假如图像包含的数据不够充分(图形分辨率较低),就会显得相当粗糙,特别是将图像放大为一个较大尺寸观看的时候。故在图片创建期间,用户必须根据图像最终的用途决定正确的分辨率。这里的技巧是要保证图像包含有足够多的数据,能满足最终输出的需要。同时要适量,尽量少占用一些计算机资源。

因此在设计师进行的 UI 设计中,有很大一部分工作就是对不同分辨率图像的每一个像素点进行的一种艺术和技术加工,而这种艺术和技术的加工过程需要使用各种工具软件来完成,在下面的章节中将会介绍一种最常用的图像处理软件——Adobe Photoshop。

2.2　认识 Adobe Photoshop

(1)Photoshop 的诞生

1987 年,一位名为托马斯·诺尔的人购买了一台苹果计算机(Mac Plus)用来完成他的博士毕业论文。但托马斯发现当时的苹果计算机却只能显示单一的黑白图像而无法显示带灰度的图像,于是他自己编写了一个命名为 Display 的小程序;而他兄弟约翰·诺尔当时正好在著名导演乔治·卢卡斯的电影特殊效果制作公司 Industry Light Magic 工作,他对托马斯设计的小程序非常感兴趣。于是两兄弟在此后的一年多时间里将 Display 不断地进行修改。使之成为功能更强大的图像编辑程序。经过多次改名后,在一个展会上他们接受了一名观众的建议,将程序改名为"Photoshop",现在大名鼎鼎的 Photoshop 就此诞生。此时的 Photoshop 软件已具备了 Level、色彩平衡、饱和度等调整功能。此外约翰还编写了一些额外的附带程序,这些后来成为插件(Plug-in)的基础。

他们的第一个商业成功是将 Photoshop 交给一个扫描仪公司作为附带软件搭配出售,名为 Barneyscan XP,版本号是 0.87。与此同时约翰继续寻找其他的买家,包括 SuperMac 和 Aldus 都没有成功。最终他们找到了 Adobe 公司的艺术总监 Russell Brown。Russell Brown 此时正好已经在研究是否考虑另外一家公司 Letraset 的 ColorStudio 图像编辑程序。在看过 Photoshop 后他认为诺尔兄弟的程序非常优秀,并且更有前途。于是在 1988 年 7 月他们达成了口头协议,决定就此开始合作,而真正的法律合同直到次年 4 月才完成。

在 20 世纪 90 年代初,美国的印刷工业发生了很大变化,印前(pre-press)电脑化开始普及。Photoshop 在 2.0 的版本中增加的 CMYK 功能使得印刷厂开始将分色任务交给用户,一个新的行业——桌上印刷(Desktop Publishing,DTP)由此产生。

CMYK 也称作印刷色彩模式,与之对应的是 RGB 模式,它和 RGB 相比有一个很大的不同:RGB 模式是一种发光的色彩模式,即在一间黑暗的房间内仍然可以看见屏幕上的内容。

CMYK 是一种依靠反光的色彩模式,人们是怎样阅读报纸的内容呢? 是由阳光或灯光照射到报纸上,再反射到人们的眼中,才看到内容。其需要有外界光源,人在黑暗的房间内是无法阅读报纸的。CMYK 颜色模式如图 2.1 所示。

图 2.1 CMYK 颜色模式

只要在屏幕上显示的图像,就是 RGB 模式表现的。只要是在印刷品上看到的图像,就是 CMYK 模式表现的。比如期刊、杂志、报纸、宣传画等,都是印刷出来的,那么即为 CMYK 模式。

CMYK 即青、洋红(品红)、黄、黑 4 种色彩,在印刷中通常可由这 4 种色彩再现其他成千上万种色彩。CMYK 色谱如图 2.2 所示。

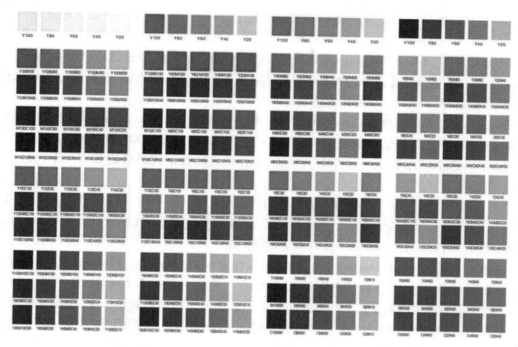

图 2.2　CMYK 色谱

（2）Photoshop 的光辉历程

1990 年 2 月，Photoshop 版本 1.0.7 正式发行，John Knoll 也参与了一些插件的开发，第一个版本只需要一个 800 KB 的软盘（Mac）就能装下。

1991 年 6 月，Adobe 发布了 Photoshop 2.0（代号 Fast Eddy），其提供了很多更新的工具，比如矢量编辑软件"Illustrator""CMYK 颜色"以及钢笔工具"Pen tool"。最低内存需求从 2 MB 增加到 4 MB，这对提高软件稳定性有非常大的影响，从这个版本开始，Adobe 内部开始使用代号，并于 1991 年正式发行。

1992 年，Kai Krause 发布了 Kai's Power 工具，使 Photoshop 的可视化界面更加丰富。

1993 年，Adobe 开发了支持 Windows 版本的 Photoshop，代号为 Brimstone，而 Mac 版本为 Merlin。这个版本增加了 Palettes 和 16 – bit 文件支持。2.5 版本主要特性通常被认为支持 Windows。

1994 年，Photoshop 3.0 正式发布，代号为 Tiger Mountain，而全新的图层功能也在这个版本中崭露头角。这个功能具有革命性的创意，即允许用户在不同视觉层面中处理图片，然后合并压制成一张图片。该版本的重要新功能是 Layer，Mac 版本在 9 月发行，而 Windows 版本在 11 月发行。

1997 年 9 月，Adobe Photoshop 4.0 版本发行，与前面发行的版本相比，其主要改进的是用户界面。Adobe 在此时决定将 Photoshop 的用户界面和其他 Adobe 产品统一化，此外程序使用流程也有所改变。一些老用户对此有抵触，甚至一些用户到在线网站上发起抗议。但经过一段使用时间以后，他们还是接受了新改变；Adobe 这时意识到 Photoshop 的重要性，他们决定将 Photoshop 版权全部买断。

1998 年 5 月，AdobePhotoshop 5.0 发布，代号 Strange Cargo。版本 5.0 引入了 History（历史）的概念，这和一般的 Undo 不同，在当时引起了业界的欢呼。色彩管理也是 5.0 的一个新功能,尽管当时曾引起一些争议,此后却被证明是 Photoshop 历史上的一个重大改进。

1999 年发行 Adobe Photoshop 5.5,其主要增加了支持 Web 功能和包含 Image Ready2.0。

2000 年 9 月,Adobe Photoshop 6.0 发布,代号 Venus in Furs,经过改进,Photoshop 与其他 Adobe 工具交换更为流畅,此外 Photoshop 6.0 引进了形状(Shape)这一新特性。图层风格和矢量图形也是 Photoshop 6.0 的两个特色。

2002 年 3 月 Adobe Photoshop 7.0 版发布,代号 Liquid Sky。Photoshop 7.0 版适时增加了 Healing Brush 等图片修改工具,还有一些基本的数码相机功能如 EXIF 数据、文件浏览器等。

2003 年 Photoshop 7.0.1 版发布,它加入了处理最高级别数码格式 RAW(无损格式)的插件。

2003 年 10 月发布 Adobe Photoshop CS(8.0),支持相机 RAW2.x,Highly modified "SliceTool""阴影/高光命令""颜色匹配命令""镜头模糊"滤镜、实时柱状图,使用 Safecast 的 DRM 复制保护技术,支持 JavaScript 脚本语言及其他语言。

2005 年 4 月 Adobe Photoshop CS2 发布,开发代号 Space Monkey。Photoshop CS2 是对数字图形编辑和创作专业工业标准的一次重要更新。它作为独立软件程序或 Adobe Creative Suite 2的一个关键构件来发布。Photoshop CS2 引入了强大和精确的新标准,提供了数字化的图形创作和控制体验。新特性有支持相机 RAW3.x、智慧对象、图像扭曲、点恢复笔刷、红眼工具、镜头校正滤镜、智慧锐化、SmartGuides、消失点、改善 64-bitPowerPCG5Macintosh 计算机运行 MacOSX10.4 时的内存管理,支持高动态范围成像(High Dynamic Range Imaging)、改善图层选取(可选取多于一个图层)。

2006 年,Adobe 发布了一个开放的 Beta 版 Photoshop Lightroom,其是一个巨大的专业图形管理数据库。

2007 年 4 月,发行 Adobe Photoshop CS3,可以使用于英特尔的麦金塔平台,增进对 WindowsVista 的支持、全新的用户界面、Feature additions to Adobe Camera RAW、快速选取工具、曲线、消失点、色版混合器、亮度和对比度、打印对话窗的改进,黑白转换调整,自动合并和自动混合,智慧(无损)滤镜,移动器材的图像支持,Improvements to cloning and healing,更完整的 32bit/HDR 支持,快速启动。

2007 年,Photoshop Lightroom 1.0 正式发布。

2008 年 9 月,发行 Adobe Photoshop CS4,套装拥有一百多项创新,并特别注重简化工作流程、提高设计效率,Photoshop CS4 支持基于内容的智能缩放,支持 64 位操作系统、更大容量内存,基于 OpenGL 的 GPGPU 通用计算加速。2008 年,Adobe 发布了基于闪存的 Photoshop 应用,提供有限的图像编辑和在线存储功能。2009 年,Adobe 为 Photoshop 发布了 iPhone(手机上网)版,从此 PS 登陆了手机平台。

2009 年 11 月 7 日,发行了 Photoshop Express 版本,以免费的策略冲击移动手机市场手机版的 Photoshop 可以进行一些简单的图像处理。特点是支持屏幕横向照片,重新设计了线上、编辑和上传工作流,在一个工作流中按顺序处理多个照片的能力,重新设计了管理图片,简化了相簿共享,升级了程式图标和外观,查找和使用编辑器更加轻松;同时向 Photoshop 和社交网站 Facebook 上传图片。

2010 年 5 月 12 日,Adobe Photoshop CS5 发布,在此版本中加入了编辑→选择性粘贴→原位粘贴、编辑→填充、编辑→操控变形,画笔工具得到了加强功能。

　　2012 年 3 月 22 日发行 Adobe Photoshop CS6Beta 公开测试版,其新特性有 Photoshop CS6 和 Photoshop CS6 Extended 中的所有功能。新功能有内容识别修复,可利用最新的内容识别技术更好地修复图片。另外,Photoshop 采用了全新的用户界面,背景选用深色,以便用户更关注自己的图片。

　　2013 年 2 月 16 日,发布 Adobe Photoshop v1.0.1 版源代码。

　　2013 年 6 月 17 日,Adobe 在 MAX 大会上推出了 Photoshop CC(CreativeCloud),新功能包括:相机防抖动功能、Camera RAW 功能改进、图像提升采样、属性面板改进、Behance 集成以及同步设置等。

　　2014 年 6 月 18 日,Adobe 发行 Photoshop CC 2014,新功能包括:智能参考线增强、链接的智能对象的改进、智能对象中的图层复合功能改进、带有颜色混合的内容识别功能加强、Photoshop 生成器的增强、3D 打印功能改进;新增使用 Typekit 中的字体、搜索字体、路径模糊、旋转模糊、选择位于焦点中的图像区域等。

　　2015 年 6 月 16 日,Adobe 针对旗下的创意云 Creative Cloud 套装推出了 2015 年年度的大版本更新,除了日常的 Bug 修复之外,还针对其中的 15 款主要软件进行了功能追加与特性完善,而其中的 Photoshop CC 2015 正是这次更新的主力。新功能包括:画板、设备预览和 Preview CC 伴侣应用程序、模糊画廊|恢复模糊区域中的杂色、Adobe Stock、设计空间(预览)、Creative Cloud 库、导出画板、图层以及更多内容等。

　　Photoshop CC 界面如图 2.3 所示。

图 2.3　Photoshop CC

2.3　Adobe Photoshop 功能与组成

　　从功能上看,Adobe Photoshop 可分为图像编辑、图像合成、校色调色及功能色效制作部分等。图像编辑是图像处理的基础,可以对图像做各种变换,如放大、缩小、旋转、倾斜、镜像、透视等;也可进行复制、去除斑点、修补、修饰图像的残损等。

图像合成则是将几幅图像通过图层操作、工具应用合成完整的、传达明确意义的图像,这是美术设计的必经之路;该软件提供的绘图工具让外来图像与创意很好地融合。

校色调色可方便快捷地对图像的颜色进行明暗、色偏的调整和校正,也可在不同颜色间进行切换以满足图像在不同领域如网页设计、印刷、多媒体等方面的应用。

特效制作在该软件中主要由滤镜、通道及工具综合应用完成,包括图像的特效创意和特效字的制作,如油画、浮雕、石膏画、素描等常用的传统美术技巧都可借由该软件特效完成。

(1)标题栏

标题栏位于主窗口顶端,最左边是 Photoshop 标记,右边分别是最小化、最大化/还原和关闭按钮,如图 2.4 所示。

图 2.4　标题栏

(2)属性栏

属性栏(又称工具选项栏)。选中某个工具后,属性栏就会改变成相应工具的属性设置选项,并可更改相应的选项,如图 2.5 所示。

图 2.5　属性栏

(3)菜单栏

菜单栏为整个环境下所有窗口提供菜单控制,包括文件、编辑、图像、图层、文字、选择、滤镜、视图、窗口和帮助 10 项。Photoshop 中通过两种方式执行所有命令,一是菜单,二是快捷键,如图 2.6 所示。

文件(F)　编辑(E)　图像(I)　图层(L)　文字(Y)　选择(S)　滤镜(T)　视图(V)　窗口(W)　帮助(H)

图 2.6　菜单栏

(4)图像编辑窗口

中间部位的窗口是图像编辑窗口,其是 Photoshop 的主要工作区,用于显示图像文件。图像窗口带有自己的标题栏,提供了打开文件的基本信息,如文件名、缩放比例、颜色模式等。如同时打开两副图像,可通过单击图像窗口进行切换,图像窗口切换可使用 Ctrl + Tab 快捷键,如图 2.7 所示。

(5)状态栏

主窗口底部为状态栏,由文本行、缩放栏、预览框 3 部分组成。

文本行说明当前所选工具和所进行操作的功能与作用等信息。

缩放栏显示当前图像窗口的显示比例,用户也可在此窗口中输入数值后按回车来改变显示比例。

在预览框中单击右边的黑色三角形按钮,即可弹出菜单,选择任一命令,相应的信息就会在预览框中显示。

图 2.7　图像编辑窗口

（6）工具箱

工具箱中的工具可用来选择、绘画、编辑以及查看图像。拖动工具箱的标题栏可移动工具箱；单击可选中工具或移动光标到该工具上，属性栏会显示该工具的属性。有些工具的右下角有一个小三角形符号，这表示在工具位置上存在一个工具组，其中包括若干个相关工具，如图 2.8 所示。

（7）控制面板

控制面板共有 14 个面板（图 2.9），可通过"窗口/显示"来显示面板。

按"Tab"键，自动隐藏命令面板、属性栏和工具箱，再次按键，则显示以上组件。

按"Shift + Tab"快捷键，隐藏控制面板，保留工具箱。

（8）Photoshop 的绘图模式

使用形状或钢笔工具时，可以使用 3 种不同的模式进行绘制。在选定形状或钢笔工具时，可通过选择选项栏中的图标来选取一种模式，见表 2.1。

图 2.8　工具箱

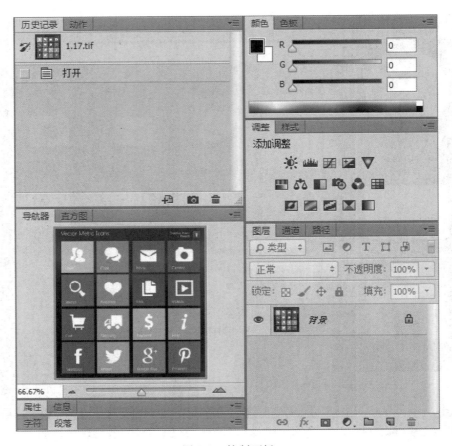

图 2.9　控制面板

表 2.1　Photoshop 的绘图模式

模　式	功　能
形状图层	在单独的图层中创建形状。可以使用形状工具或钢笔工具来创建形状图层。因为可以方便地移动、对齐、分布形状图层以及调整其大小,所以形状图层非常适合于为 Web 页创建图形。可以选择在一个图层上绘制多个形状。形状图层包含定义形状颜色的填充图层以及定义形状轮廓的链接矢量蒙版。形状轮廓是路径,其出现在"路径"面板中
路径	在当前图层中绘制一个工作路径,随后可使用它来创建选区、创建矢量蒙版,或者使用颜色填充和描边以创建栅格图形(与使用绘画工具非常类似)。除非存储工作路径,否则它是一个临时路径。路径出现在"路径"面板中
填充像素	直接在图层上绘制,与绘画工具的功能非常类似。在此模式中工作时,创建的是栅格图像,而不是矢量图形。可以像处理任何栅格图像一样来处理绘制的形状。在此模式中只能使用形状工具

(9) Photoshop 的档案格式

　　Photoshop 强大的功能在于它支持多种图形图像格式,几乎涵盖了用户能够用到的全部,表 2.2 详细列举了每种格式的特点。

表 2.2　Photoshop 的档案格式

图像格式	特　点
PSD 格式	Photoshop 默认保存的文件格式,可保留所有图层、色版、通道、蒙版、路径、未栅格化文字以及图层样式等,但无法保存文件的操作历史记录。Adobe 其他软件产品,例如 Premiere、Indesign、Illustrator 等可以直接导入 PSD 文件
PSB 格式	最高可保存长度和宽度不超过 300 000 像素的图像文件,此格式用于文件大小超过 2 GB 的文件,但只能在新版的 Photoshop 中打开,其他软件以及旧版 Photoshop 则不支持
JPEG 格式	JPEG 和 JPG 是一种采用有损压缩方式的文件格式,JPEG 支持位图、索引、灰度和 RGB 模式,但不支持 Alpha 通道
RAW 格式	Photoshop RAW 具备 Alpha 通道的 RGB、CMYK 和灰度模式,以及没有 Alpha 通道的 Lab、多通道、索引和双色调模式
BMP 格式	BMP 是 Windows 操作系统专有的图像格式,用于保存位图文件,最高可处理 24 位图像,支持位图、灰度、索引和 RGB 模式,但不支持 Alpha 通道
GIF 格式	GIF 格式因其采用 LZW 无损压缩方式并且支持透明背景和动画,被广泛运用于网络中
EPS 格式	EPS 是用于在打印机上输出图像的文件格式,大多数图像处理软件都支持该格式。EPS 格式能同时包含位图图像和矢量图形,并支持位图、灰度、索引、Lab、双色调、RGB 以及 CMYK
PDF 格式	便携文档格式 PDF 支持索引、灰度、位图、RGB、CMYK 以及 Lab 模式。具有文档搜索和导航功能,同样支持位图和矢量
PNG 格式	PNG 作为 GIF 的替代品,可以无损压缩图像,并最高支持 244 位图像并产生无锯齿状的透明度。但一些旧版浏览器(如 IE5)不支持 PNG 格式
TIFF	TIFF 作为通用文件格式,绝大多数绘画软件、图像编辑软件以及排版软件都支持该格式,并且扫描仪也支持导出该格式的文件

2.4　Adobe Photoshop 的安装与配置

（1）Adobe Photoshop 软件的安装

下载安装包后进行解压,双击解压文件夹中的“Set-up. exe”进行安装,安装路径可以自定义也可以使用默认路径。安装过程中会提示输入序列号,如果没有购买,可选择试用。试用会需要注册一个账户,用邮箱注册一个账号即可,注册好后登录,按照提示操作直至安装完成。

（2）Adobe Photoshop 软件的配置

Photoshop 要求一个暂存磁盘,其大小至少是打算处理的最大图像大小的 3～5 倍。例如,如果打算对一个 10 MB 大小的图像进行处理,至少需要有 30～50 MB 可用的硬盘空间和内存大小。

如果没有分派足够的暂存磁盘空间,软件的性能会受到影响。要获得 Photoshop 的最佳性能,可将物理内存占用的最大数量值设置为 50%～75%。

在打开 Photoshop 时按下 Ctrl 和 Alt 键,可在 Photoshop 载入之前改变其暂存磁盘。

要将所有的首选项还原为默认值,可在打开 Photoshop 后立即按下"Ctrl + Alt + Shift"快捷键。此时会出现一个对话框,询问用户是否确认需重置。

通过以上的步骤即可完成 Adobe Photoshop 软件的安装配置,用户就可以使用其进行各种 UI 设计了。

第 3 章
Illustrator 功能概述

在 UI 设计中,除了 Photoshop 之外,另一个软件也经常被用到,这就是 Adobe Illustrator。其和 Photoshop 最大的区别就是 Illustrator 是一个基于矢量图形的制作软件。在使用这个软件之前,需先弄清一个概念:什么是矢量图。

3.1 矢量图

矢量图,也称为面向对象的图像或绘图图像,在数学上将其定义为一系列由线连接的点。矢量文件中的图形元素称为对象。每个对象都是一个自成一体的实体,它具有颜色、形状、轮廓、大小和屏幕位置等属性。

矢量图是根据几何特性来绘制图形,矢量可以是一个点或一条线,矢量图只能靠软件生成,文件占用内存空间较小,因为这种类型的图像文件包含独立的分离图像,可以自由无限制地重新组合。其特点是放大后图像不会失真,与分辨率无关,适用于图形设计、文字设计和一些标志设计、版式设计等。

矢量图使用直线和曲线来描述图形,这些图形的元素是一些点、线、矩形、多边形、圆和弧线等,它们都是通过数学公式计算获得的。例如,一幅花的矢量图形实际上是由线段形成外框轮廓,由外框的颜色以及外框所封闭的颜色决定花显示出的颜色。

矢量图也称为面向对象的图像或绘图图像,繁体版本上称之为向量图,是计算机图形学中用点、直线或者多边形等基于数学方程的几何图元表示图像。矢量图形最大的优点是无论放大、缩小或旋转等都不会失真;最大的缺点是难以表现色彩层次丰富的逼真图像效果。

既然每个对象都是一个自成一体的实体,就可以在维持其原有清晰度和弯曲度,这意味着它们可以以最高分辨率显示在输出设备上。

矢量图以几何图形居多,图形可以无限放大,不变色、不模糊。常用于图案、标志、UI、文字等设计。常用软件有 Illustrator、CorelDraw、Freehand、XARA、CAD 等。

矢量图示例如图 3.1—图 3.3 所示。

图 3.1　卡通动物矢量图

图 3.2　矢量图

图 3.3　城市建筑矢量图

（1）矢量图形的优缺点

①文件小,图像中保存的是线条和图块的信息,所以矢量图形文件与分辨率和图像大小无关,只与图像的复杂程度有关,图像文件所占的存储空间较小。

②图像可以无级缩放,对图形进行缩放、旋转或变形操作时,图形不会产生锯齿效果。

③可采取高分辨率印刷,矢量图形文件可以在任何输出设备打印机上以打印或印刷的最高分辨率进行打印输出。

④最大的缺点是难以表现色彩层次丰富的逼真图像效果。

⑤矢量图与位图的效果是天壤之别,矢量图无限放大不模糊,大部分位图都是由矢量导出来的,也可以说矢量图就是位图的源码,源码是可以编辑的。

（2）矢量图的常用格式

①*. ai。*. ai 是 Illustrator 中的一种图形文件格式,也即 Illustrator 软件生成的矢量文件格式,用 Illustrator、CorelDraw、Photoshop 均能打开、编辑、修改等。

②*. cdr。*. cdr 是 CorelDraw 中的一种图形文件格式,是所有 CorelDraw 应用程序中均能

够使用的一种图形图像文件格式。

③＊.dxf。＊.dxf 是 Auto CAD 中的图形文件格式,以 ASCII 方式储存图形,在表现图形的大小方面十分精确,可被 CorelDraw、3ds 等大型软件调用编辑。

④＊.eps。＊.eps 是用 PostScript 语言描述的一种 ASCII 图形文件格式,在 PostScript 图形打印机上能打印出高品质的图形图像,最高能表示 32 位图形图像。该格式分为 PhotoShop EPS 格式(Adobe Illustrator Eps)和标准 EPS 格式,其中标准 EPS 格式又可分为图形格式和图像格式。值得注意的是,在 PhotoShop 中只能打开图像格式的 EPS 文件。

⑤＊.eps 格式包含两个部分:第一部分是屏幕显示的低解析度影像,方便影像处理时的预览和定位;第二部分包含各个分色的单独资料。＊.eps 文件以 D CS/CMYK 形式存储,文件中包含 CMYK 4 种颜色的单独资料,可以直接输出四色网片。

⑥＊.eps 格式也存在着缺陷:首先,＊.eps 格式存储图像效率特别低;其次,＊.eps 格式的压缩方案也较差,一般情况下,同样的图像经＊.tiff 的 LZW 压缩后,要比＊.eps 的图像小 3～4 倍。

设计者进行的 UI 设计中很大一部分工作就是进行矢量图形的绘制、编辑,下面的章节里面将会详细介绍一种较为常用的矢量图形处理软件——Adobe Illustrator。

3.2　认识 Adobe Illustrator

Adobe Illustrator 是一种广泛应用于 UI 设计、出版物设计、多媒体和在线图形制作的工业标准矢量插画的软件,作为一款非常好用的图形处理工具,Adobe Illustrator 广泛应用于印刷出版、海报书籍排版、专业插画、多媒体图像处理和互联网页面的制作等,也可以为线稿提供较高的精度和控制,适合生产任何小型设计以至大型的复杂项目,其界面如图 3.4 所示。

图 3.4　Adobe Illustrator

（1）Adobe Illustrator 的应用范围

Adobe Illustrator 作为全球著名的矢量图形软件，以其强大的功能和体贴用户的界面，已经占据了全球矢量编辑软件中的大部分份额。据不完全统计，全球有 37% 的设计师在使用 Adobe Illustrator 进行艺术设计。

基于 Adobe 公司专利的 PostScript 技术的运用，Illustrator 已经完全占领了专业的印刷出版领域。无论是线稿的设计者和专业插画家、生产多媒体图像的艺术家、还是互联网页或在线内容的制作者，使用过 Illustrator 后他们都会发现，其强大的功能和简洁的界面设计风格只有 Freehand 能与之相媲美。

（2）Adobe Illustrator 的发展历程

Adobe Illustrator 是 Adobe 系统公司推出的基于矢量的图形制作软件。最初是 1986 年为苹果公司麦金塔电脑设计开发的，1987 年 1 月发布，在此之前它只是 Adobe 内部的字体开发和 PostScript 编辑软件。

1987 年，Adobe 公司推出了 Adobe Illustrator1.1 版本，其特征是包含一张录像带，内容是 Adobe 创始人约翰·沃尔诺克对软件特征的宣传，之后的一个版本称为 88 版，因为其发行时间是 1988 年。

1988 年，发布 Adobe Illustrator 1.9.5 日文版，这个时期的 Illustrator 给人的印象只是一个描图的工具，画面显示也不是很好，但其曲线工具已较为完善。

1988 年，在 Windows 平台上推出了 Adobe Illustrator 2.0 版本。Illustrator 真正起步应该说是在 1988 年，Mac 上推出的 Illustrator 88 版本。该版本是 Illustrator 的第一个视窗系统版本，但却不是很成功。

1989 年，Illustrator 在 Mac 上升级到 Adobe Illustrator 3.0 版本，并在 1991 年移植到 Unix 平台上。该版本注重加强了文本排版功能，包括"沿曲线排列文本"功能。也就在此时，Aldus 公司开发了 Mac 系统版本的 Macromedia Free Hand，其拥有更简易的曲线功和更复杂界面，带有渐变填充功能。之后 FreeHand 与 Illustrator，PageMaker 和 QuarkXPress 成为桌面出版商必备的"四大件"。而对于 Illustrator，用户意见最大的"真混合渐变填充"功能直到在多年以后的 Illustrator 5 中才得以实现。

1990 年发布 Adobe Illustrator 3.2 日文版，从这个版本开始，文字终于可以转化为曲线了，AI 被广泛普及于 Logo 设计。

1992 年发布了最早出现在 PC 平台上运行的 Adobe Illustrator 4.0 版本，该版本也是最早的日文移植版本。该版本中 Illustrator 第一次支持预览模式，由于该版本使用了 Dan Clark 的 Anti-alias（抗锯齿显示）显示引擎，使得原本一直是锯齿的矢量图形在图形显示上有了质的飞跃。同时又在界面上做了重大改革，风格和 Photoshop 极为相似，所以对于 Adobe 的老用户来说相当容易上手，发布没多久就风靡出版业，并且很快推出了日文版。

1992 年发布 Adobe Illustrator 5.0 版本，该版本在西文的 True Type 文字可以曲线化，日文汉字却不行，后期添加了 Adobe Dimensions 2.0J 特性弥补这一缺陷，可通过其来转曲。

1993 年发布 Adobe Illustrator 5.0 日文版，Macintosh 附带系统盘内的日文 TrueType 字体实现转曲功能。

1994 年发布 Adobe Illustrator 5.5，加强了文字编辑的功能，以显示出 AI 的强大魅力。

1996 年发布 Adobe Illustrator 6.0，该版本在路径编辑上作了一些改变，主要是为了与

Photoshop 统一,但导致了一些用户的不满,一直拒绝升级,Illustrator 同时也开始支持 True Type 字体,从而引发了 PostScript Type 1 和 True Type 之间的"字体大战"。

1997 年,推出 Adobe Illustrator 7.0 版本,同时在 Mac 和 Windows 平台推出,使麦金塔和视窗两个平台实现了相同功能,设计师们开始向 Illustrator 靠拢,新功能有"变形面板""对齐面板""形状工具"等,并有完善的 PostScript 页面描述语言,使得页面中的文字和图形的质量再次得到了飞跃,更凭借着其和 Photoshop 良好的互换性,赢得了很好的声誉,唯一遗憾的是 7.0 对中文的支持极差。

1998 年发布 Adobe Illustrator 8.0,该版本的新功能有"动态混合""笔刷""渐变网络"等,该版本运行稳定,时隔多年仍有广大用户使用。

2000 年发布 Adobe Illustrator 9.0,该版本的新功能有"透明效果""保存 Web 格式""外观"等,但是实际使用中透明功能却经常带来麻烦,导致很多用户仍使用版本 8 而不升级。

2001 年发布 Adobe Illustrator 10.0,是 Mac OS 9 上能运行的最高版本,主要新功能有"封套"(envelope),"符号"(Symble),"切片"等功能。出于对网络图像的支持,增加了切片功能使得可以将图形分割成小 GIF、JEPG 文件。

在 2001 年之后,Adobe Illustrator 被纳入 Creative Suite 套装后不再用数字编号,而改称 CS 版本,并同时拥有 Mac OS X 和微软视窗操作系统两个版本。维纳斯的头像从 Illustrator CS(实质版本号 11.0)被更新为一朵艺术化的花朵,增加创意软件的自然效果。CS 版本新增功能有新的文本引擎(对 OpenType 的支持),"3D 效果"等。

2002 年发布 Adobe Illustrator CS。

2003 年发布 Adobe Illustrator CS2,即 12.0 版本,主要新增功能有"动态描摹""动态上色""控制面板"和自定义工作空间等,在界面上和 Photoshop 等完成了统一。动态描摹可以将位图图像转化为矢量图型,动态上色可以让用户更灵活地给复杂对象区域上色。

2007 年发布 Adobe Illustrator CS3,新版本新增功能有"动态色彩面板"和与 Flash 的整合等。另外,新增加裁剪、橡皮擦工具。

2008 年 9 月发布 Adobe Illustrator CS4,新版本新增斑点画笔工具、渐变透明效果、椭圆渐变,支持多个画板、显示渐变、面板内外观编辑、色盲人士工作区,多页输出、分色预览、出血支持以及用于 Web、视频和移动的多个画板,CS4 的启动界面仍以简约为主,相对于 CS3 版本来说,橙黄变成了金黄的颜色 AI 的标志也成了半透明的黑色,给人一种凹陷下去的感觉。

2010 年发布 Adobe Illustrator CS5,其可在透视中实现精准的绘图、创建宽度可变的描边、使用逼真的画笔上色,充分利用与新的 Adobe CS Live 在线服务的集成。AI CS5 具有完全控制宽度可变、沿路径缩放的描边、箭头、虚线和艺术画笔。无需访问多个工具和面板,就可以在画板上直观地合并、编辑和填充形状。AI CS5 还能处理一个文件中最多 100 个不同大小的画板,并且按照意愿组织和查看它们。

2012 年发布 Adobe Illustrator CS6,该软件包括新的 Adobe Mercury Performance System,系统具有 Mac OS 和 Windows 的本地 64 位支持,可执行打开、保存和导出大文件以及预览复杂设计等任务。支持 64 位的好处是软件可以有更大的内存支持,运算能力更强。还新增了不少功能和对原有的功能进行增强。全新的图像描摹,利用全新的描摹引擎将栅格图像转换为可编辑矢量。无需使用复杂控件即可获得清晰的线条、精确的拟合以及可靠的结果。新增高效、灵活的界面,借助简化的界面,减少完成日常任务所需的步骤。体验图层名称的内联编辑、精确的颜色取样以及可配合其他 Adobe 工具顺畅调节亮度的 UI。还有高斯模糊增强功能、颜色面板增强功能、变换面板增强功能和控制面板增强功能等。

2013 年发布 Illustor CC,Adobe Illustrator CC 主要的改变包括:触控文字工具、以影像为笔刷、字体搜寻、同步设定、多个档案位置、CSS 摘取、同步色彩、区域和点状文字转换、用笔刷自动制作角位的样式和创作时自由转换。较快的速度和稳定性处理最复杂的图稿。全新的 CC 版本增加了可变宽度笔触、针对 Web 和移动的改进、增加了多个画板、触摸式创意工具等新鲜特性。

3.3 Adobe Illustrator 的主要功能

(1) Adobe Illustrator 软件的主要特点

Adobe Illustrator 的最大特征在于钢笔工具的使用,其使得操作简单功能强大的矢量绘图成为可能。它还集成文字处理、上色等功能,不仅在插图制作,在印刷制品(如广告传单、小册子)设计制作方面也广泛使用,事实上已经成为桌面出版(DTP)业界的默认标准。它的主要竞争对手是 Macromedia Freehand;但是在 2005 年 4 月 18 日,Macromedia 被 Adobe 公司收购。

所谓的钢笔工具方法,在这个软件中就是通过“钢笔工具”设定“锚点”和“方向线”实现的。一般用户在一开始使用的时候都会感到不太习惯,并需要一定练习;但是一旦掌握以后能够随心所欲地绘制,并且直观可靠。

Illustrator 是 Adobe Creative Suite 的重要组成部分,与兄弟软件——位图图形处理软件 Photoshop 功能共享一些插件和功能,以实现无缝连接。同时它也可以将文件输出为通过 illustrator 让 Adobe 公司的产品与 Flash 连接。

(2) Adobe Illustrator 的特征

1)提供的工具

Adobe Illustrator 是一款专业图形设计工具,提供丰富的像素描绘功能以及顺畅灵活的矢量图编辑功能,能够快速创建设计工作流程。借助 Expression Design,可以为屏幕/网页或打印产品创建复杂的设计和图形元素。它支持许多矢量图形处理功能,拥有很多用户,也经历了时间的考验,因此人们不会随便放弃 Adobe Illustrator 而选用微软的 Expression Design。其提供了一些相当典型的矢量图形工具,诸如三维原型(primitives)、多边形(polygons)和样条曲线(splines),一些常见的操作在这里都能实现。

2)特别的界面

Adobe Illustrator 外观颜色不同于 Adobe 的其他产品,Design 是黑灰色或亮灰色外观,这种外观上改变或许是 Adobe 故意为之,意在告诉用户这是两个新产品,而不是原先产品的改进版。

3)贝赛尔曲线的使用

Adobe Illustrator 最大特征在于贝赛尔曲线的使用,使得操作简单功能强大的矢量绘图成为可能。它还集成文字处理、上色等功能,不仅在插图制作,在印刷制品(如广告传单、小册子)设计制作方面也广泛使用。

3.4 Adobe Illustrator 的安装配置

Adobe Illustrator 软件的安装如下所述。

下载安装包后进行解压,双击解压文件夹中的"Set-up. exe"进行安装,安装路径可以自定义也可以使用默认路径。安装过程中会提示输入序列号,如果没有购买,可选择试用。试用需要注册一个账户,用邮箱注册一个账号即可,注册好后登录,按照提示操作直至安装完成。

第4章
按钮、导航、控件的设计

4.1 按钮的设计

一般情况下,单击某个图形后会作出相应的反馈,故将其称为"按钮"。

按钮代表着"做某件事",即单击按钮则代表操作了一个功能,做的这件事是有后果的,不易挽回的。例如人们常用播放器的播放暂停、搜索引擎的信息搜索、注册登录系统的登录、注册等。从技术上讲,这类按钮的作用是向后台提交了数据,"命令"服务器去做了一件事,或者进行跳转到另外的页面或者进入另外一个状态。在一个界面中要强调的链接区域或单击功能区域就会以按钮的形式来表现。因此按钮作为促成用户完成单击行为的一个很重要部分,应该具有"吸引眼球"的效果。对于一个可以起到"吸引"作用的按钮,如何让用户看到它就有单击的欲望,并且它也能给用户非常好的信息反馈,以提高用户体验。这需要设计师在设计时从多方面进行考虑。

首先,按钮本身的颜色应该区别于其周边的环境色,使它拥有更亮而且高对比度的颜色。

其次,在按钮上使用什么文字或图形传递给用户非常重要,需要言简意赅、直接明了,千万不要让观者去思考,越简单、越直接就越好。

再次,一个界面中按钮的面积大小也决定了其本身的重要级别,但并不是越大越好,尺寸应该适中,通常在 APP 中的按钮是通过人的手指去触摸或者点击,如果按钮尺寸太小,容易产生错误操作;按钮过大,会让人觉得不像按钮,潜意识地认为那是一块区域,导致没有点击欲望。所以按钮大小要适中,手机尺寸越大(即屏幕密度越大),按钮尺寸就越大,对 Android 客户端而言,低清屏按钮如果为 32×32,超清屏就应为 144×144,在制作按钮的时候,尺寸尽量为偶数,这样方便在不同尺寸中进行换算。在本节中,以超高清屏为例,按钮尺寸应为 96×96。

最后,在一个界面里通常有众多按钮,它们的功能有主次之分,对于很多不太重要的按钮,需要"低调"处理,也就是说在一个界面中,众多的按钮,是有功能优先级别的,在设计的过程中就务必让众多按钮呈现出视觉的优先级别。

对现在流行的 APP 中按钮设计风格进行分类,大致可分为两类:扁平化类和拟物类,下面将举例说明。

4.1.1　扁平化按钮设计

随着 Windows 8、iOS7、iOS8 等扁平化风格互联网产品的相继推出,扁平化按钮设计成为互联网产品界面设计中的热潮。

扁平化设计是一种极简主义的美术设计风格,通过简单的图形、字体和颜色的组合,力求最快速、最直观地表达设计者的意图。与扁平化设计风格相对的是偏向写实的拟物化设计风格。从风格上说就是指在设计中去除所有具有三维突出效果的风格和属性,如描边、阴影、渐变、高光等特效。从整体的角度来讲,扁平化设计追求的是一切极其的简洁、简单,反对使用复杂的、不明确的元素,让设计回归本原,用最简洁的几何图形和最清晰的颜色来表达设计者的灵感。在字体的选择上,也是以简洁、清爽为标准。应采用通用的、笔画清晰的字体,避免使用字迹不清的字体,比如草书、特殊字体等,也应避免使用已经不再流通的字体,比如古代甲骨文、篆体字等(特殊用途除外)。对于中文字体来说,诸如雅黑、幼圆或者细黑等字体都是不错的选择。从颜色上说,扁平化设计要避免使用饱和度过高的纯色,比如纯红、纯绿、纯蓝等颜色,因为这些颜色在移动端展示的时候会非常刺眼,严重影响使用者的视觉体验。扁平化风格迎合了使用者对信息快速阅读和吸收的要求,更容易表达页面要传达的信息,也更容易实现矢量化,在不同分辨率屏幕上转化时也更容易。扁平化并不是万能的,也并不是所有场合都适合扁平化设计,比如游戏、汽车需要冲击力的画面,所以设计师要根据情况选择正确的设计风格,从而达到最佳的设计效果。

扁平化按钮务求形状简单,不带有明显的投影、光效以及渐变,尽量色彩扁平。色彩之间对比感要强,从而提高辨识度。尽量使用与所对应功能紧密关联的图标元素,并且这个元素应是通用的、广为人知的,基本不受地域、种族、文化、语言等因素影响。绝对禁止使用一些定义模糊,寓意不清的元素,或者某些行业特有的、某些领域专用的元素。在用户体验方面,圆角设计比直角设计更为友好,这种人性化的设计深受使用者的喜爱。同样的道理,在用户界面设计过程中,使用一些圆角图案,不但会使设计更具亲和力,也会让使用者更容易接受设计者的设计意图。

也许扁平化设计会被别的设计风格所取代,但是设计师们会不断地计划和尝试,并最终将它进化到一个新的风格。目前,纯扁平也慢慢地在向长投影、轻质感式、多边形的设计方式靠近。图 4.1 和图 4.2 展示了扁平化按钮的简单例子。

图 4.1　纯扁平化按钮设计

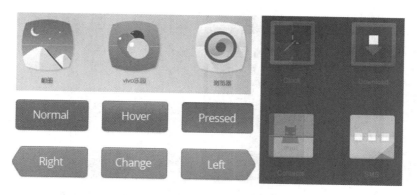

图 4.2　多样式扁平化按钮设计

下面将通过一个实际案例来了解扁平化按钮制作的具体步骤。

如图 4.3 所示为一组扁平化风格的开关按钮,既然是一个按钮,一定会有不同的状态来提高用户体验,给予用户点击反馈。所以这个开关存在 ON 与 OFF 状态。在 ON 状态时,寓意绿色、安全、通行,所以将其设置为绿色;OFF 状态时设置为深灰色;在制作按钮时,使用了最大圆角设计,宽高都设为偶数值。每一个状态都分为 3 个部分,即底色、滑块、文字。在制作时,将详细进行讲解。

图 4.3　声音开关按钮

(1)状态 1 操作步骤

1)新建文件

执行"文件" > "打开"命令,在弹出的对话框中设置各项参数及选项。设置完成后单击"确定"按钮,新建空白图像文件,如图 4.4 所示。

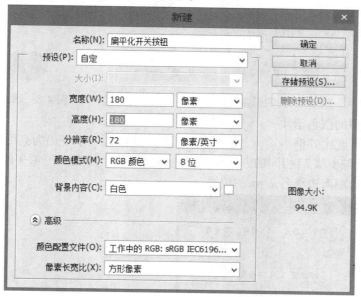

图 4.4　新建文件

2)绘制圆角矩形

设置前景色为"#1fc627",单击圆角矩形工具,在画布上单击左键,弹出创建圆角矩形菜单,参数如图 4.5 所示(半径为高度的一半绘制最大圆角),绘制如图 4.6 所示的圆角矩形。

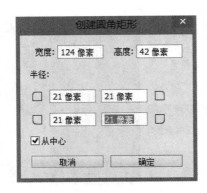

图 4.5　图形属性　　　　　　　　　　图 4.6　绘制圆角矩形

3）为该圆角矩形增加内阴影

选择该图层,为其增加图层样式的内阴影。在此使用深灰色作为投影并使用正片叠底是为了可以随时替换前景色而不影响投影颜色,该方法在后面的步骤中经常用到。距离和大小的设置都很细微,可使其看起来很自然很精致,参数设置如图 4.7 所示,绘制效果图如图 4.8 所示。

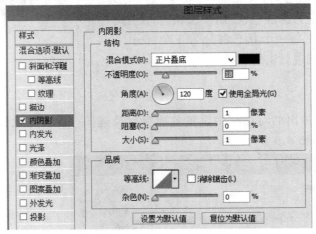

图 4.7　内阴影参数设置　　　　　　　　图 4.8　增加内阴影效果

4）绘制按钮中的白色滑块

白色滑块的高度比外框小 4 px,使之上下有 2 px 的间距。半径仍为高度的一半。设置前景色为白色,使用与步骤2)相同的方法绘制白色圆角矩形。参数如图 4.9 所示,按照图 4.10所示效果将其移动距离边缘各 2 px 的位置。

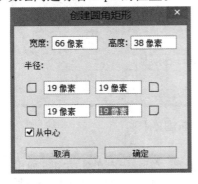

图 4.9　白色滑块参数　　　　　　　　图 4.10　滑块样式

5）为滑块增加样式

按照图4.11所示,增加滑块的外阴影和渐变叠加(#f0f0f0—#ffffff),完成图4.12所示效果。

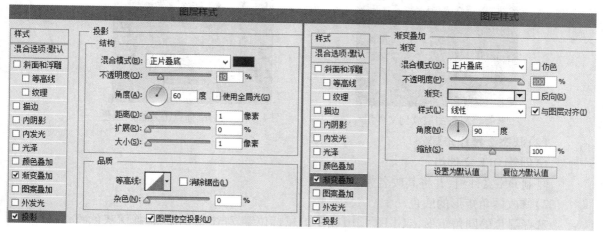

图4.11 设置图层样式

图4.12 完成图层效果

6）为该按钮增加文字

按照图4.13所示,增加文字效果,文字颜色为#ffffff,字体为英文字体中helvetica LT Std,该字体为英文中的黑体,也是苹果系统中常使用的英文字体。移动到合适位置完成如图4.14所示状态1最终效果。

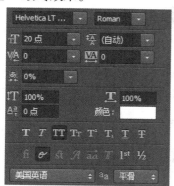

图4.13 文字设置

图4.14 状态1最终样式

按钮存在交互关系,为了给用户较好的反馈,ON和OFF为两种状态。第二种状态除了颜色和文字、滑块位置有区别,其他如大小比例等都应该是一致的。为了养成良好的习惯,最好是为一个状态设置为一个文件组,方便修改拖拽,如图4.15所示。

图 4.15　将图层放到文件组

图 4.16　双击鼠标点击处修改颜色

（2）状态 2 操作步骤

1）创建 OFF 文件组

复制 ON 文件组，并将其改名为 OFF。

2）修改圆角矩形的底色

选择绿色的圆角矩形，双击图 4.16 所示的鼠标位置，弹出拾色器，选择深灰色#5a5a5a。

效果如图 4.17 所示，保持原有的图层样式不变，或者不透明度可以略加调整。

图 4.17　修改过的按钮

3）修改滑块样式

选择滑块图层和文字，移动到合适位置，修改滑块投影的方向并调整投影的不透明度，如图 4.18 所示。

4）修改文字

修改文字 ON 为 OFF，状态 2 修改完成，如图 4.19 所示。

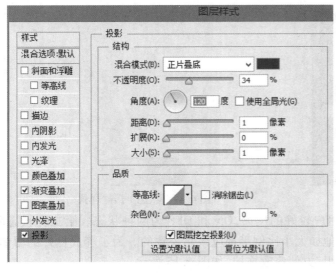

图 4.18　调整滑块的图层样式

图 4.19　状态 2 完成图

Q 问题　有些按钮不是基本型,应如何绘制?
　　可以通过几个基本图形进行自由组合,得到一个复杂的图形。也可以使用路径工具自行绘制。

Q 问题　绘制按钮时的基本步骤?
　　先有形,再上色,最后加样式与质感。在加入质感时要注意光源,投影和内投影的角度关系。

4.1.2　拟物化按钮设计

拟物化设计顾名思义就是模拟现实物品的造型和质感,通过叠加高光、纹理、材质、阴影等效果对实物进行再现,也可适当程度地变形和夸张,界面模拟真实物体,拟物设计会让使用者第一眼就认出这是个什么东西。交互方式也模拟现实生活的交互方式。拟物化设计可以让所有人一看图标都明白其意思,认知和学习成本低。用户对这类按钮的视觉质感和交互效果有统一的认知和使用习惯。但是某些特性并不具有任何功能性的需求拟物化设计方式,有时会降低用户体验,也在一定程度上放弃了数字媒介的独特优势,图 4.20、图 4.21 所示为典型的拟物化按钮设计。

图 4.20　拟物化按钮设计

图 4.21　拟物化界面设计

下面将通过一个实际案例来了解拟物化按钮制作的具体步骤。

案例操作

以下是一个拟物化风格的开关按钮,如图 4.22 所示,同扁平化开关按钮一样,也存在两个状态,只是在高光、阴影、光泽、立体上更为突出,更接近真实的按钮。

操作步骤如下所述。

(1)新建文件

新建一个 180×180 像素,分辨率为 72 的画布,设置前景色#dbdbdb,并命名为拟物化开关。

(2)绘制底框

图 4.22　拟物化按钮设计

设置前景色为#ffffff,单击圆角矩形工具,在画布上单击左键,弹出创建圆角矩形菜单,将其设置为 104×54 px,半径为 27。参数设置如图 4.23 所示(半径为高度的一半绘制最大圆角)。绘制效果如图 4.24 的圆角矩形。

图 4.23　圆角矩形参数设置　　　　图 4.24　圆角矩形底框

(3)为底框增加样式

选中该图层,增加图层样式渐变叠加(#9d9d9d—#ffffff)与内投影,参数设置如图 4.25 所示,效果如图 4.26 所示。

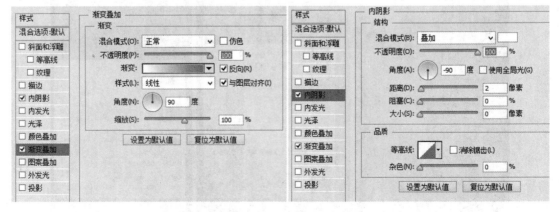

图 4.25　底框图层样式参数设置

(4)绘制中间的显示框

复制底框图层,选中路径选择工具(黑箭头),在实时形状属性面板里设置如图 4.27 所示

图 4.26　底框效果

参数。宽度为 84 px，高度为 28 px，半径为 14 px。并通过移动工具中的对齐属性垂直并水平居中，效果如图 4.28 所示。

图 4.27　显示框实时形状属性　　　图 4.28　显示框位置与样式

（5）为显示框增加图层样式

选中该图层，为图层增加内发光和内投影效果，参数设置如图 4.29 所示。

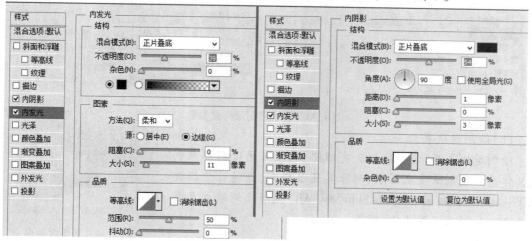

图 4.29　显示框图层样式参数

效果如图 4.30 所示。

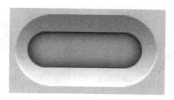

图 4.30　显示框效果

（6）绘制滑块

滑块是立体的,可以用其他方法来完成这种效果。本书用两个图层的方法来实现立体的感觉。首先做底层,设置前景色为#dbdbdb,选择形状中的椭圆工具,在画布中左键单击,弹出创建椭圆对话框,绘制一个直径为 40 px 的圆,如图 4.31 所示,与底框垂直居中,距右边距离相同,如图 4.32 所示。

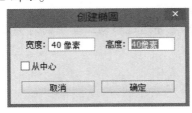

图 4.31　显示框效果　　　　　　图 4.32　滑块底

（7）增加图层样式

为了突出立体感,为该图层增加投影和渐变叠加(#8d8d8d—#ffffff),参数如图 4.33 所示,效果如图 4.34 所示。

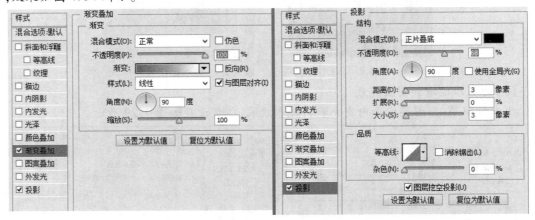

图 4.33　滑块底图层样式参数

（8）绘制滑块表面

绘制滑块表面,通常按钮会有凹陷状,故可通过阴影来制造立体感。复制滑块底图层,删除其图层样式,并通过快捷键"CTRL + T"变形,同时按住"Shift"和"Alt"键同比例缩放至直径为 34 px,效果如图 4.35 所示。

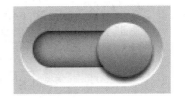

图 4.34　滑块底效果

（9）增加图层样式

选中该图层,为其增加渐变叠加(#d0d0d0—#ffffff),效果如图 4.36 所示。

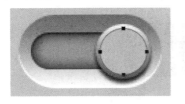
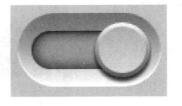

图 4.35　绘制滑块表层　　　　图 4.36　滑块的立体效果

（10）增加文字

选择 T 文字工具,文字颜色为#176300,字体为英文字体中的 helvetica LT Std,字号为 16 px。参数如图 4.37 所示,并移动到合适位置,如图 4.38 所示。

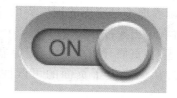

图 4.37　文字参数　　　　　　　　图 4.38　文字显示

（11）增加文字样式

文字显示如果没有质感,可以通过投影为文字增加轻微质感,以增强其立体性。参数设置如图 4.39 所示,最终完成该开关按钮如图 4.40 所示。

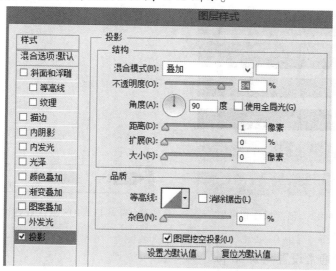

图 4.39　为文字增加投影

以制作扁平化按钮状态 2 的方法制作 OFF 状态的样式,效果如图 4.41 所示。

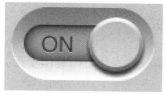

图 4.40　完成最终效果　　　　　　图 4.41　OFF 状态最终图

4.2　顶部操作栏设计

手机应用的页眉位于状态栏的正下方,页眉是一种重要的界面布局,主要用于标识当前界面或者站点的内容,设计师可以在页面中添加主要的导航及操作控件。在手机应用中,当用户向下滚动界面时,页眉可以始终显示或者隐藏。在 APP 中的导航非常简洁,不会显示网络服务名称及导航控件等内容。操作栏中应含有当前界面的标题,和与其相关的一些更多分享内容。如果当前界面不是应用的顶层界面,其页面将显示返回上级的控件;若当前界面是顶层界面,可以含有退出控件。

需要注意的是,在页眉导航栏中,应避免显示过多元素,因为手机界面有限,元素过多,主要内容只能下移,从而降低了页面的可读性。下面列举了一些操作栏的案例,如图 4.42 所示。

如图 4.42 所示,在顶部操作栏可以有更多控制,如搜索、分享、记录、增加等,返回一些功能性操作。在设计这部分时,比较重要的一点是要注意常用尺寸及安全距离。现以 Iphone 5S 的尺寸作为示例进行分析,介绍常用的尺寸及安全距离。IOS 默认的顶部操作栏模式如图4.43所示。

图 4.42　顶部操作栏欣赏

图 4.43　IOS 默认规则说明

图示解释如下:
①顶部操作条通常设置高为 88 px。
②返回键和功能键距离边框的安全距离为 20 px。
③标题居中显示,字体大小为 36～40 px。
④按钮的高度不超过 60 px。
⑤IOS 系统标题常用默认字体为"方正黑体简"。
⑥英语及数字字体为"helvtica"。
了解了以上特性,可通过一个实际案例来了解顶部操作栏的具体步骤。

案例操作
图 4.44 所示为一个轻质感的操作栏,有设置和返回按钮及所在界面的标题。

图 4.44　顶部操作栏效果图

（1）设置画布

新建一个 640×88 像素画布（宽度 640 是按照 iphone5/5s 的尺寸计算的），分辨率为 72，背景颜色任意。

（2）设置主背景

选择矩形工具，在画布中左键单击创建一个 640×88 的矩形。

（3）为主背景设置样式

选中主背景图层，为其增加渐变叠加样式，参数设置如图 4.45 所示。

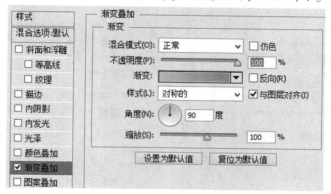

图 4.45　主背景图层渐变设置

颜色值设置为#92e3ab—#62c082，样式为对称的，效果图如图 4.46 所示。

图 4.46　主背景图层渐变效果

（4）绘制底线

选择矩形工具，单击画布空白处，在弹出对话框中，创建 640×4 的矩形框，移动到底部，填充色为# 41aa65。效果如图 4.47 所示。

图 4.47　底线效果

（5）绘制返回按钮形状

选择圆角矩形工具，设置宽度为 78 px，高度为 50 px，圆角半径为 8 px 的圆角矩形框，再选择路径操作面板中的合并形状属性，如图4.48所示。

再选择多边形工具，选择 3 边，绘制三角形。宽为 22 px，高为 46 px，移动到合适位置，如图 4.49 所示。

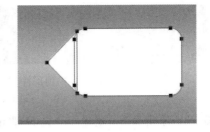

图 4.48　合并形状　　　　图 4.49　返回按钮基本形状

（6）为返回按钮添加图层样式

选择该图层，为其增加渐变叠加、内投影、投影及描边效果，增加立体感和质感。利用白色投影和内投影创建凹陷感，参数如图 4.50 所示，效果如图 4.51 所示。

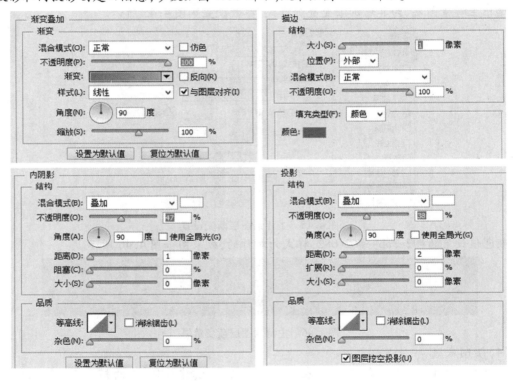

图 4.50　返回按钮图层样式

渐变颜色为#50a86e 到 #70cf8f，描边颜色为# 439459。

（7）增加文字

选择文字工具 T，输入 Back，并设置字体为 Helvetica LT std，大小为 22，颜色为#ffffff。移动到合适位置，并增加投影，参数如图 4.52 所示，完成效果如图 4.53 所示。

（8）绘制设置图标

绘制一个宽为 48 px，高为 48 px，半径为 8 px 的圆角矩形，位置距右边 20 px，如图 4.54 所示。

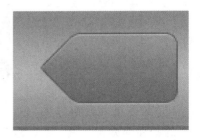

图 4.51　返回按钮图层样式效果

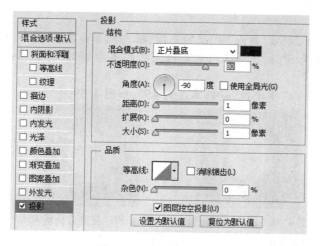

图 4.52 文字投影设置   图 4.53 文字样式效果

图 4.54 设置按钮底框

(9)增加设置按钮图层样式

设置渐变颜色为#3e9356 至#53d27a,投影的颜色为#a5ffc3,参数设置如图 4.55 所示,最终效果如图 4.56 所示。

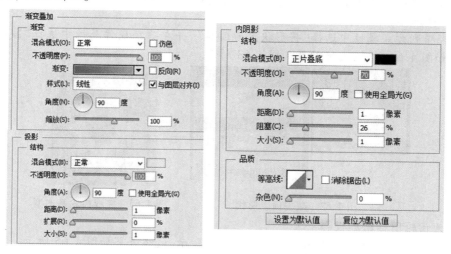

图 4.55 按钮样式参数设置

图 4.56 设置按钮底框效果图

（10）绘制齿轮图标

首先在底框中心绘制一个宽为 24 px，高为 24 px 的正圆，填充色为白色，如图 4.57 所示。

再绘制一个圆角矩形，设置宽为 6 px，高为 30 px，半径为 2 的圆角矩形，与正圆垂直并水平对齐，效果如图 4.58 所示。

选中圆角矩形，按住"Ctrl + Alt + t"快捷键，旋转角度为 45°，如图 4.59 所示。

图 4.57　绘制正圆　　　图 4.58　圆角矩形位置　　　图 4.59　复制并旋转 45°

确认变形，连续两次选择"Shift + Ctrl + Alt + t"，单击"Enter"，确认变形完成，效果如图 4.60 所示。

图 4.60　完成重复上一次变形　　　图 4.61　绘制同心圆

选择路径选择工具（黑箭头），点中正圆，复制粘贴，"Ctrl + t"变形至宽为 14 px，高为 14 px，如图 4.61 所示。

在路径排列方式属性中选择"将形状置为顶层"，并在路径操作属性中选择"减去顶层形状"，设置如图 4.62 所示，最终效果如图 4.63 所示。

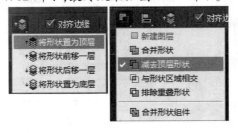 

图 4.62　减去顶层形状　　　图 4.63　完成齿轮基本型

（11）为齿轮图标增加投影

选择齿轮图层，增加投影效果，参数如图 4.64 所示，最终效果如图 4.65 所示。

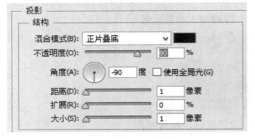 

图 4.64　投影参数设置　　　图 4.65　设置按钮最终效果图

（12）添加标题

选择文字工具，输入 Title，并设置字体为 Helvetica LT std，大小为 40，颜色为#ffffff。在画布中垂直并水平对齐，以增加投影效果，参数如图 4.66 所示，完成最终效果如图 4.67 所示。

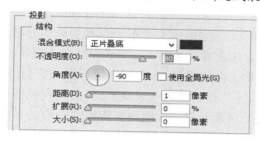

图 4.66　标题文字投影参数

图 4.67　最终效果图

4.3　导航栏设计

在 APP 中，导航栏的设计有多种方式，如标签式导航、列表式导航、九宫格导航、抽屉式导航等。

所谓标签式导航就是将重要的导航控件及操作控件放在页脚或栏目条下面的位置，以方便用户轻松触及并执行操作，如图 4.68 所示。

图 4.68　标签式导航

侧滑抽屉式导航可以隐藏也可不隐藏，可以滑动，多见于资讯类杂志及社交应用类，如图 4.69 所示。

列表式导航可以是单纯文字性的，也可以是图文结合的，如设置页面。也可以和其他导航一起使用,如图 4.70 所示。

九宫格式导航首页没有实际的内容,只有几个栏目显示,与以内容为主的趋势相悖,最典型的是美图类应用,如美图秀秀、魔拍,在二级栏目中也常用,如图 4.71 所示。

以标签式导航为例,标签式控件是一种广泛用于各种应用与站点的 UI 组件,它用于在顶层界面提供导航功能,或在各个页面中提供跳转到其他页面的导航。通常有 2 ~ 5 个栏目,如果有更多的栏目显然不适合用标签式导航。标签式导航将并列显示各种不同的条目,引导用户轻松地把握整个导航结构。在这种模式下,用户可以轻松进行点击操作。在设计时,导航栏中除了一些隐喻的图标,还具有其他一些表现形式,首先应根据平台特征选择风格相同的模式,其次根据交互法则,采用显眼的设计明确标识当前选中的界面栏目,在绘制图标时,对图标的识别和通用性要求较高,通常都会是图标加文字标签共同显示。有时候会出现不带文字标签的图标,这种极简方式用于图标的识别性非常高,使用户一看就明白意思并且不会产生歧义。

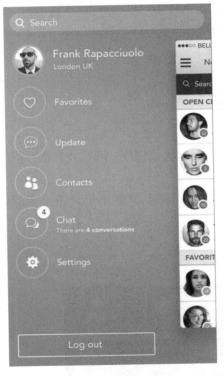

图 4.69　抽屉式导航

图 4.70　列表式导航

下面通过一个实际案例来了解标签式导航条制作的具体步骤。

案例操作

以下是常见的导航条设计,在这个案例中,除了图标的设计,重要的还有尺寸、间距及文字大小设置,如图 4.72 所示。

该案例以 Iphone5/5s 为例,页脚导航栏的高度为 98 px。对超清屏的 Android 系统来说,页脚高度可设为 100 px。其他尺寸根据比例切换。图 4.72 所示标签式导航有 5 个栏目,平均分布每个栏目的宽度为 128 px,每一组图标和文字标签在 128 px 内水平垂直居中。产生交互时,变换栏目背景色、文字标签颜色和图标颜色,文字大小设为 20 px,图标不能太大,四周要

图 4.71 九宫格式导航

图 4.72 标签式导航案例

留有一定距离,图标高度一致,在本案例中将高度设置为 32 px。

操作步骤如下所述。

(1)新建文件

新建一个 640×98 像素,分辨率为 72 的画布,设置前景色为#0c0c0c,并命名为标签式导航条。

(2)计算标签尺寸

该导航栏将设置 5 个栏目,640/5=128 px。通过参考线进行划分,目的是使每一个栏目在 128 像素内居中显示。

(3)绘制闹钟

选择椭圆工具,绘制一个 28×28 的正圆,填充色为#909090,选择"路径选择工具",复制正圆,缩小到 24×24,将小圆置顶,并减去顶层形状,如图 4.73 所示。

(4)绘制时针分针

选择圆角矩形工具,绘制两个 2×8 及 10×2,半径为 1 的圆角矩形,填充#909090,放置到圆中心,如图 4.74 所示。

(5)绘制闹钟的小耳朵

绘制 12×12 的两个正圆,放置合适位置,如图 4.75 所示。

图 4.73 绘制镂空圆环　　　图 4.74 闹钟钟面　　　图 4.75 闹钟耳朵绘制

(6)绘制镂空

绘制 34×34 的正圆,将其设置为顶层,再路径操作为减去顶层图形,再后移 4 层,调整到如图 4.76 所示效果,闹钟图标与顶部距离为 20 px。

(7)制作文字图层

输入文字"限时免费",设置字体为方正黑体简体,大小为 20 px,颜色为#909090。文字与底边距离为 20 px,如图 4.77 所示。

图 4.76　制作镂空　　　　图 4.77　增加文字效果

（8）绘制其他栏目

按照相同的方法绘制其他栏目图标，如图 4.78 所示。

图 4.78　导航全部效果

（9）设置被选中状态的样式

被选中状态背景改为#212121，文字和图标颜色改为#ffffff，如图 4.79 所示。

图 4.79　标签式导航案例

4.4　滑动条设计

　　滑动条是由滑槽与其中的把手组成的 UI 控件，用户可通过移动把手改变相关的状态。滑块通常为水平显示（也有纵向显示、环状模式），左端是最小值，右端为最大值。滑块的整个可选范围都处于界面中。滑动条的设计可以应用到进度条、通话音量控制、屏幕亮度调整、播放进度等。在 IOS 的设计规范中介绍了滑动条，其将用于显示及调整当前值的把手称为突钮，将显示值的滑槽称为轨道。下面列举几种常见的滑动条模式，如图 4.80—图 4.82 所示。

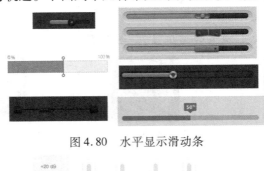

图 4.80　水平显示滑动条

图 4.81　纵向显示滑动条

图 4.82　环状显示滑动条

下面通过一个实际案例来了解标签式导航条制作的具体步骤。

案例操作

以下是水平的滑动条设计,如图 4.83 所示。

图 4.83　滑动条案例

在这种水平的时间轴模式中,用户可以通过滑块修改与时间或进度相关的值。视频和音乐播放器常使用这种模式。在这种模式中,滑块的最小值为"0：00",最大值是正在播放的内容时长,把手的位置将随着播放的进行而移动,用户可以通过滑动条的滑槽位置来查看当前的播放状态。

操作步骤如下所述。

(1)新建文件

新建一个 400×58 像素,分辨率为 72 的画布,设置前景色为# ffffff,并命名为滑动条。

(2)绘制底框

使用圆角矩形工具绘制一个宽为 360 px,高为 18 px,半径为 9 px 的圆角矩形,填充色为白色。

(3)为底框增加图层样式

选择该图层,增加描边、渐变叠加、投影效果。参数设置如图 4.84 所示,效果如图 4.85 所示。

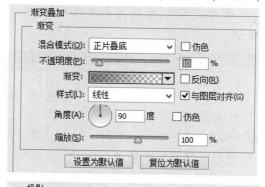

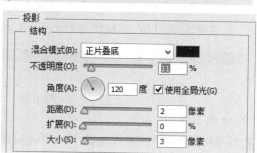

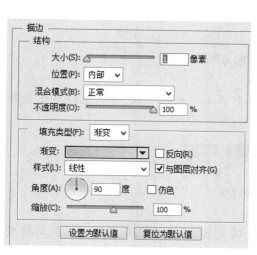

(a)渐变为#d2d2d2 到#e5e5e5 的灰色　　　(b)渐变为透明度60%的黑色到透明度100%的黑色

图 4.84　参数设置

图 4.85　底框效果

（4）绘制进度条

复制底框图层，修改实时形状属性参数为宽 256 px，高 10 px，半径为 5 px，填充色为 #44b5df。

（5）增加进度条样式

选择该图层，内投影、投影效果。参数设置如图 4.86 所示，效果如图 4.87 所示。

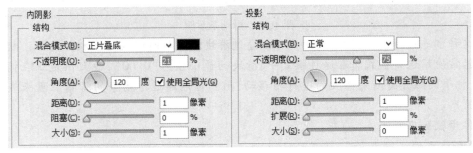

图 4.86　进度条参数

图 4.87　进度条样式

（6）绘制缓冲条

复制进度条图层，将填充色改为 #c1c1c1，保留其图层样式。移动到合适位置，效果如图 4.88 所示。

图 4.88　缓冲条效果

（7）绘制滑块

选择椭圆工具，绘制一个 24×24 的正圆，填充色为 #ffffff。

（8）为滑块增加图层样式

选择该图层，增加描边、渐变叠加、投影样式。其样式与底框一致，可以选择底框复制图层样式，再选择滑块图层、粘贴图层样式即可，效果如图 4.89 所示。

图 4.89　滑块效果

（9）绘制正圆

复制滑块图层，修改其大小至 10×10 px，修改填充色为 #44b5df，图层样式参数与进度条一致，如图 4.90 所示。

图 4.90　滑块样式

（10）设置时间文字

最终效果如图 4.91 所示。

图 4.91　滑动条案例

4.5　对话框设计

在移动设备上使用社交类 APP 已成为人们日常生活的一部分。实际上，在 APP 中的视觉设计沿用了人们日常的沟通模式，人们的社交方式无外乎两种，一种是直接沟通方式，另一种则为间接沟通方式。

直接沟通类似于面对面交谈，呈现方式为对话形式。如移动设备上自带的短信功能，便具备了对话与交流的形式感，还有人们常用的 QQ 对话，微信对话，如图 4.92 所示，都是采用了对话形式。在视觉设计上，需要将这种对话层次表现得更加直接，以便让用户能够亲身体验社交的乐趣与交流的通畅。

图 4.92　直接沟通对话框

而间接沟通通常是指通过平台将自身的心情、状态进行发布，其他用户浏览后反馈信息。这样的沟通方式削弱了沟通的即时感和交流感。如朋友圈、QQ 动态、微博等。在视觉设计上与即时会话不同，须注意用合理的界面去展示记录着的心情或者状态，如图 4.93 所示。

图 4.93　间接沟通视觉设计

当然还有很多其他风格的设计方式,如图 4.94 所示。

图 4.94　对话框视觉效果

下面以直接沟通的实际案例来了解对话框制作的具体步骤。

案例操作

如图 4.95 所示,这是一个类似微信,QQ 的对话框,只是样式有所不同。在视觉设计时,可以对背景进行留白处理,这样在一定程度上减小了界面的视觉压力,让界面中的信息更加清晰,方便查阅;其次有合理的间隔控制与间隔线的添加,可以让每组信息得到明确区分,让用户阅览快捷;最后,左右混排与色彩差异,让信息组得以区分。对话双方的头像与对话框分置在界面左右两侧,从而让双方对话信息明确区分,而且对话双方的对话框填充了两种截然不同的颜色,以帮助用户区分信息。

需要注意的是,在本案例设计时,要注意各个组件之间的安全距离,头像距界面边框 20 px,两个对话之间的距离为 40 px。对话框设计为气泡模式,以模拟人说话的感觉,这种模式使用户能立刻明白对话的意图。

操作步骤如下所述。

(1)新建文件

新建一个 640×800 像素,分辨率为 72 的画布,并命名为对话框。

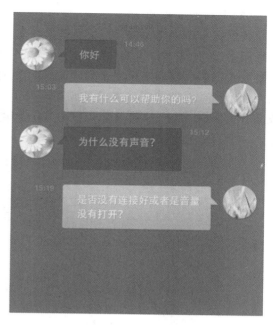

图 4.95   对话框案例

(2)绘制背景图层

新建图层,填充颜色#343e4c,添加滤镜→杂色→增加杂色、高斯分布,数量选择 1%。为背景增加质感。

(3)绘制日期分割线

绘制两条等长的直线,输入时间文本"14 Jan 2015",文字大小 16 px,字体选择 Helvetica Lt Std,字体和直线都居中显示,颜色为#242930。

(4)为日期分割线设置样式

为日期及分割线添加投影,参数设置如图 4.96 所示,投影颜色为#454e59,效果如图 4.97 所示。

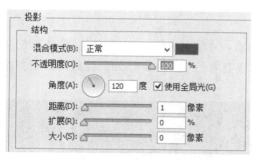

图 4.96   投影参数设置

图 4.97   分割线样式

（5）制作对方头像

绘制一个 86×86 的正圆，放置一张任意图片的素材作为头像图层，右键单击该图层，在弹出的下拉菜单中选择"创建剪贴蒙版"选项，移动头像图层到正圆的范围内。图层结构如图 4.98 所示，并为正圆图层设置投影和斜面浮雕效果，参数设置如图 4.99 所示，头像效果如图 4.100 所示。

图 4.98　剪贴蒙版图层结构

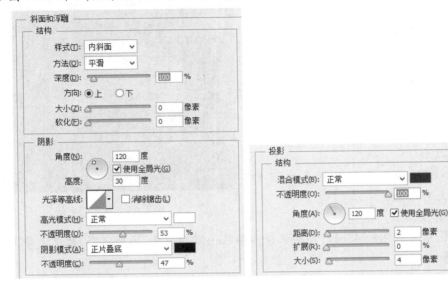

图 4.99　图层样式效果参数设置

图 4.100　头像效果

（6）制作对话框

选择圆角矩形工具，绘制一个高为 75 px，任意宽度，半径为 5 px 的圆角矩形，填充颜色为 #242930。再使用多边形工具选择 3 边，按住"Shift"键的同时按下鼠标左键绘制三角形，如图 4.101 所示。

图 4.101　对话框绘制

（7）移动三角形并增加图层样式

选择"路径选择工具"，将三角形移动到合适位置，并拖动锚点适当调整三角形形状。然后在按住"Shift"键的同时选中圆角矩形和三角形，并合并形状，如图4.102所示，效果图如图4.103所示。

图4.102　合并形状组件　　　　　　　　图4.103　组合形状

为该组合图像增加内投影及投影，参数设置如图4.104所示，效果如图4.105所示。

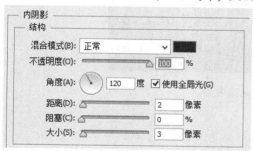 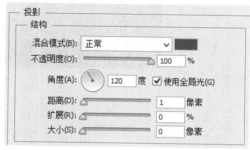

（a）颜色为#181c21　　　　　　　　　　（b）颜色为#454e59

图4.104　投影内投影参数设置

图4.105　对话框绘制

（8）输入文字，并增加文字投影

投影效果与头像投影一致，效果如图4.106所示。

（9）绘制其他对话框

使用相同方法完成类似制作，效果如图4.107所示。

图 4.106　单个对话效果图

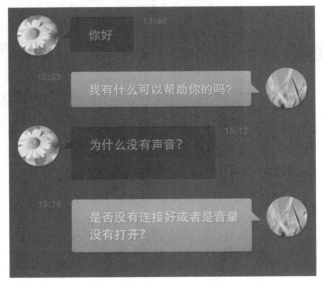

图 4.107　对话框效果

4.6　下拉菜单设计

　　"下拉菜单"在手机 UI 设计中是一个常见的栏目,是用于用户自由选择选项的通道。首先设计者在做此类菜单时,首先选择的是它的滑动方式。下拉菜单的滑动方式有多种,如侧拉式、下滑式、上滑式等。然后设计者再根据用户的需求,设定下拉菜单的选项内容。接着根据整个 UI 的风格,进行下拉菜单的界面设计,包括文字、背景图案、色彩等是否与整个 UI 设计一致。下拉菜单属于整个 UI 界面设计的一个部分,不管采用什么滑动方式,其界面设计风格一定是统一于整个 UI 界面设计的风格的。

　　现通过下面下拉菜单的设计案例,如图 4.108 所示,了解下拉菜单设计的方法。

　　图 4.108 所示下拉菜单是由黑、白、灰 3 种颜色构成。有文字、小箭头图标等。色彩主要是以灰黑渐变为主。第一步,在 Photoshop 里新建一个长方形的画布。用辅助线划分好各个栏目所占的区域。如新建一个画布大小为 219 × 410 px,菜单父栏

图 4.108　下拉菜单设计

目 + 子栏目共有 10 个,所以可以平均分为 10 个等份,如图4.109所示。

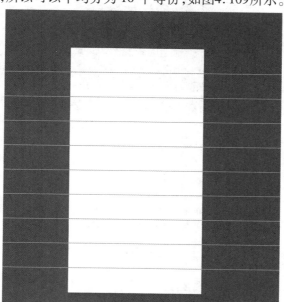

图4.109　步骤图

开始绘制背景色,颜色为深灰色,第一个父栏目,用"矩形工具"绘制一个长方形,利用图层样式的渐变叠加填为渐变色,增加栏目的光泽感,如图4.110所示。

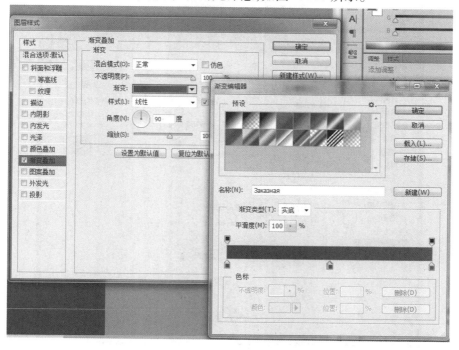

图4.110　步骤图

再加上浮雕与投影效果和投影效果,增加栏目的立体感,如图4.111所示。

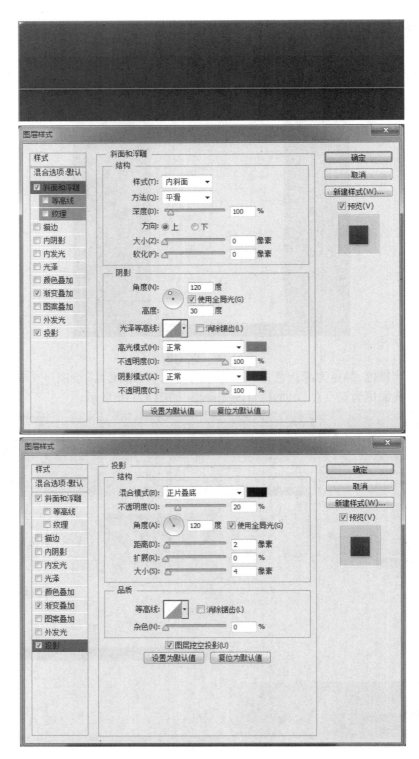

图 4.111　步骤图

　　然后绘制下拉菜单的箭头符号,用"矩形工具"绘制一个导圆角的矩形,旋转 45°,再用"路径选择工具"将其选中,按"Ctrl + C"与"Ctrl + V"快捷键进行复制粘贴。再用"自由变换工具"设置"水平翻转",接着放到相应位置上,完成箭头绘制,如图 4.112 所示。

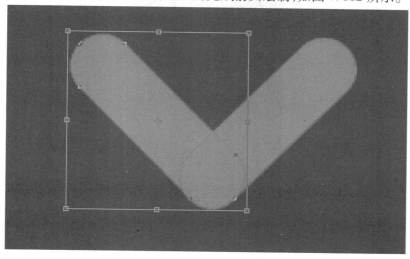

图 4.112　步骤图

　　对箭头设置图层样式,达到凹陷的效果,然后放到相应位置,如图 4.113 所示。

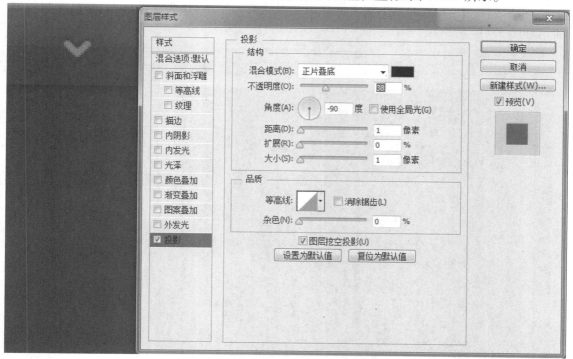

图 4.113　步骤图

　　底部的几个父栏目与第一个类似,只需复制第一个栏目图层放到相应位置即可。只是箭头位置应选择 90°,作菜单栏收起状态,如图 4.114 所示。

图 4.114　步骤图

现在应该对子栏目进行设置,通过观察可知,子栏目其实是被一条条凹陷效果的线所分隔。首先绘制线段,即高度为 1 像素的矩形,然后复制几个,并一定是在一个形状图层里复制粘贴,再进行排序,方法为选中这个形状图层里所有的矩形,在属性栏设置"按高度均匀分布",如图 4.115 所示。

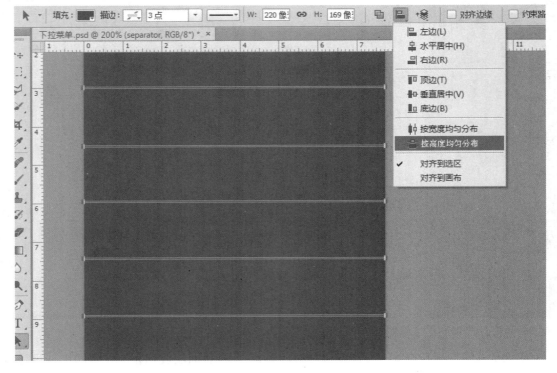

图 4.115　步骤图

对线段设置图层样式,以达到凹陷效果,如图 4.116 所示。

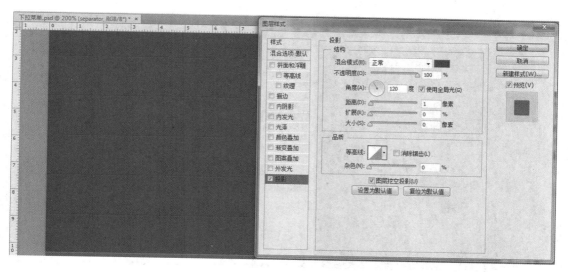

图 4.116　步骤图

输入文字,并加上"投影效果",需特别注意的是父栏目与子栏目的字体不一样,一个是加粗效果,一个比较细,如图 4.117 所示。

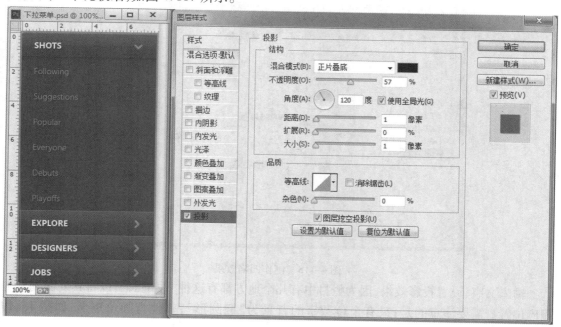

图 4.117　步骤图

最后是两个栏目后面的"数量",绘制一个导圆角的矩形,设置图层样式,制作凹陷效果,如图 4.118 所示。

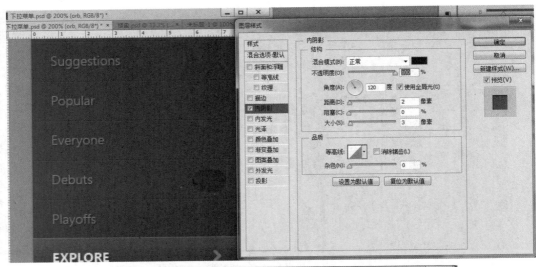

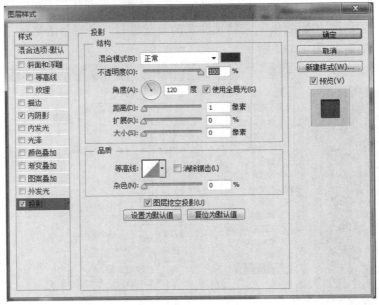

图 4.118　制作凹陷效果

输入文字,设置投影效果,因为栏目中有几个地方都有这种"数量",所以将其复制到其他相应位置。需要注意的是:只有个位数字的背景为"椭圆形",其他为圆角矩形,如图 4.119所示。

Q 问题　制作凹陷效果的设计技巧?

　　制作凹陷效果可以通过图层样式的两个效果来构成,一是"斜面与浮雕",二是"内阴影"。有时候还可以增加"投影"样式来丰富效果。

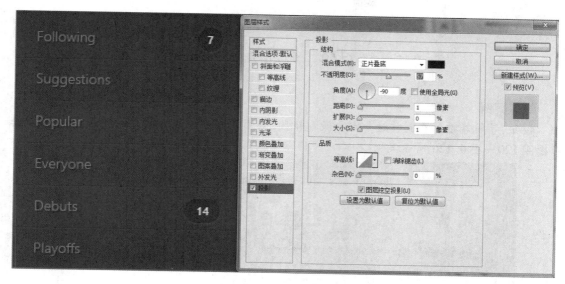

图 4.119 步骤图

4.7 经验总结：设计按钮、控件和导航的技巧

作为 APP 中的按钮、控件、导航，它们起着跳转、变换状态、切换的作用。所有的控件都是通过触摸得到反馈的，在设计时，可以通过光和颜色的反馈暗示用户哪些操作可用，哪些操作不可用，界面中的控件与背景色要形成强对比，没有明显变化的按钮，用户不能立刻感受到变化，就无法吸引人单击或触摸，只有形成强烈的明显的对比，才能立刻吸引人的注意。所有的图标都应简单易懂，并易于理解和操作。一个优秀的 APP 绝不仅仅是因为设计得美，应该使其转场快速清晰，排版和样式干脆利落。按钮控件导航的设计都应该追求漂亮、简洁，为用户创造良好的体验，满足用户的情感需求。

为 APP 设计任意控件及按钮时，建议最好使用形状工具绘制，因为矢量形状比像素图像具有无限放大也不会模糊的优点，当适应各个不同尺寸的终端，比较容易改变大小。可是当页面中形状交叉相对复杂时，调整就不很方便，所以使用 Photoshop CC 以上版本可以比较轻松地解决这个问题，只需要选择调整图层的形状路径并左键双击，即可打开形状路径进行单独调整。

在绘制时，可以遵照以下规则：

①图标尽可能地避免尖角，因为尖角会让人感觉不友好。

②配色柔和协调清晰，尽量不要选用饱和度太高的颜色，以避免造成用户视觉疲劳。

③简单而富有流线感：太多的细节会让图标显得笨重，难以辨认。

④不要与系统提供的图标混淆：绘制的图标应与系统中的标准图标区分开。

⑤易懂易理解：图标能被大多数人理解。

⑥外表美观：与整体的界面风格相协调统一。

⑦一致性：所有的图标间隙相等，大小体积大致相等，质量一致；一定不要将不同风格的图标放在一个栏上，这样会使界面看起来很杂乱。

4.8　能力拓展

练习案例

按钮、导航等控件在制作时一定要做到精致，必须多练习才会有很大的提高，大家可以练习图 4.120—图 4.126 所示案例。

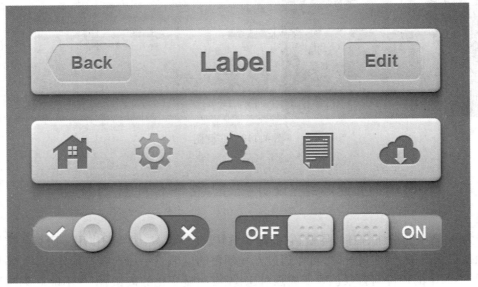

图 4.120　导航及按钮 1

图 4.121　按钮 2

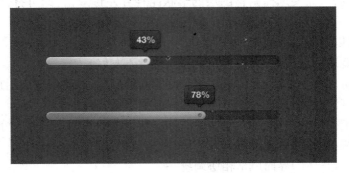

图 4.122　进度条 1

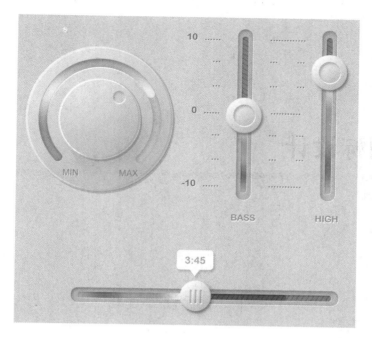

图 4.123　进度条 2

图 4.124　对话框

图 4.125　下拉菜单

图 4.126　列表式导航

第5章
图形、图标设计

5.1　图标设计过程

5.1.1　图标创意

其实图标创意阶段前还有一个重要的步骤——创意准备。

根据设计师所要做的项目需求,确定 ICON 图标的风格样式,这一步骤在界面设计过程中,可用图标风格评测的方法来确定所绘制的图标是什么样的风格路线,这也是项目前期对用户研究的内容,有潜力的公司会制订"用户角色",用来指导界面视觉风格方向、界面内容建构和交互设计等。

图 5.1　图标创意的不同阶段

当设计者从客户那里接到设计任务后,应怎样开始设计图标呢? 首先要看懂界面的需求,并对每个功能图标的定义要非常清楚,否则设计的结果将导致用户难以理解,这个也是图标设计所关心的可用性问题。较差的图标设计最终会带来用户对界面的操作失败的体验结果。但视觉审美和可用性有时候存在着矛盾,设计师们不能走极端,只顾及可用性而忽视设计美观的一面,也不能太追求设计上美的需求而忽略了这是一个功能性很强的界面图标,最好是能在这两者之间取得平衡。

理解功能需求后,设计师要收集很多关于"关键词语——联想图形"之间能转化的元素,用生活中的物或其他视觉产品来代替所要表达的功能信息或操作提示。例如音乐,我们会想到音符、光盘、音乐播放机、耳机等。但到底选择什么来表达呢? 原则上是越贴近用户的心理模型最好,用大家常见的视觉元素来表达所要传达的信息。隐喻在图标设计中是必要的思维方法。找出物与所指之间的内在含义,这就要求设计师对生活的细微观察、丰富的联想能力。

当然这也是设计的困难点,做好一个图标设计不亚于好的产品创意设计,包括最终的图标制作也是体现设计师能力之处,特别是现在高分辨率显示设备的大量应用,好的界面要得到用户的认可,高质量的图标设计必不可少。

5.1.2　草图绘制

草图绘制阶段就是将设计师的创意绘制出来,检验视觉关系,也就是在视觉方面多在草图上推敲,以提高效率,避免在渲染完成后再来修改而造成不必要的浪费。首先要确定图标透视,即关系到一套方案中的每个图标的透视方向,这是在图标设计一致性方面的基本要求,透视统一。然后一步步地进行细节添加,如图 5.2 所示。

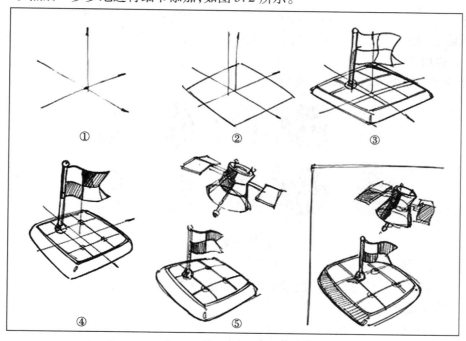

图 5.2　草图绘制

5.1.3　图标视觉分析

一个图标要表达一定的含义就往往须组合不同的形态,借助单个形态所传达的内在信息,拼合在一起去传达另外一种信息。例如在设计"导航"功能图标时:设计师第一反应是与卫星有关,但就以单个卫星的外形来传达导航的含义恐怕不够,于是再联想与导航有关的信息图示,如"坐标""旗帜""陆地"等。再经过设计师以视觉平衡原理合理地布置它们之间的主次、空间关系。需要注意的是:不可随便使用其与要表达功能相关的图形或物体,要经过精心的挑选,最好是大家熟悉、易记的物或形,毕竟目的是要帮助用户更形象地理解计算机程序的内在功能含义,以易记、易懂为前提。也不能借助过多的图形来表达图标含义,因为过于复杂反而影响用户的理解。

5.1.4　草图渲染阶段

在前面的流程完成后,设计师设计的草图已经很清楚地表达了自己的想法,并且也能与功能信息密切地吻合,那就需要使用 Photoshop、Illustrator、Firework 等软件进行绘制,这要看个人的习惯,以及对软件的熟悉程度。在本书中主要介绍用 Photoshop CS6 来进行渲染,后面也将以详细过程方式讲述 Photoshop CS6 绘制图标的过程。

5.2 简约扁平化 ICON 设计

5.2.1 简约扁平化设计特点

对于设计师来说,如果仔细观察 IOS 和安卓系统的图标,可能会发现一个特别的现象:那就是难看的应用图标不多。这里总结出了简约扁平化图标设计的几个类型以及它们的特点。

（1）**常规扁平式**

常规扁平式如图 5.3 所示。

图 5.3　常规扁平式

特点:纯色、剪影图形。

优点:简洁清新、识别性良好、色彩明朗、设计感强烈。

（2）**渐变折痕式**

渐变折痕式如图 5.4 所示。

图 5.4　渐变折痕式

特点:纯色、折痕、轻渐变。

优点:比常规扁平化丰富,有轻微空间感、色彩明朗,视觉统一性好。

（3）轻质感式

轻质感式如图 5.5 所示。

图 5.5　轻质感式

特点：简单层次、轻投影、轻渐变。

优点：简洁、明朗，有一定的精致感，有简单的层次，内容丰富。

（4）长投影式

长投影式如图 5.6 所示。

图 5.6　长投影式

特点：层次、投影。

优点：色彩对比度大，有明显而单纯的投影，有鲜明的层次感和空间感，视觉冲击力强。

（5）轻厚度式

轻厚度式如图 5.7 所示。

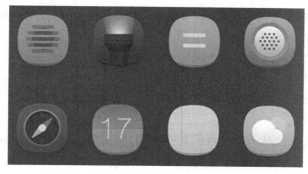

图 5.7　轻厚度式

特点：厚度、细节、轻投影。

优点：有明显的厚度，既有明显的立体感，有厚重感和细节感，但相对于复杂统一性没有常规扁平式、渐变折痕式等几种效果好。

下面将通过实际案例来了解按钮制作的具体步骤。

5.2.2 联系人图标设计

案例操作 1

图 5.8 所示为扁平化联系人图标的一个制作案例。该图标是一个轻质感式风格图标，它由圆和一个形状图层组成。主要用到的工具有椭圆工具和钢笔工具；主要使用的样式有描边、渐变、投影。

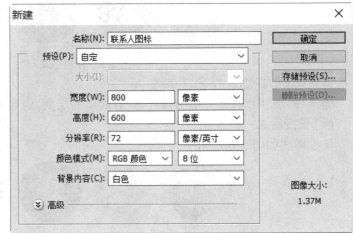

图 5.8　扁平化人物图标　　　　　　　　　　　图 5.9　新建文件

操作步骤如下所述。

（1）新建文件

打开 Photoshop 软件，执行"文件→打开"命令新建（快捷键"Ctrl + N"）一个新的图像，命名为"联系人图标"，并将宽度设置为 800 px，高度为 600 px，分辨率为 72 dpi，然后单击确定，效果如图 5.9 所示，并保存文件（快捷键"Ctrl + S"）。

（2）绘制圆形

选择"椭圆工具"，在画布中单击鼠标左键，弹出"创建椭圆"弹出层，设置宽度为 400 px，高度为 400 px，并勾选"从中心"选项，然后单击"确定"按钮，在图层面板将椭圆图层名称改为"外框"，设置图层混合选项，如图 5.10 所示。

渐变叠加：颜色色值从上向下#8fb9ed—#6379bf，角度 90°。

（3）绘制联系人头像

通过"钢笔工具"选择绘制形状图层，如图 5.11 所示，将图层命名为"头像"。

设置图层混合选项。

①渐变叠加：颜色色值从上向下#eff2f4—#ffffff，角度 90°，效果如图 5.12（a）所示。

②描边：描边大小 1 px，位置内部，颜色白色#ffffff，效果如图 5.12（b）所示。

（4）绘制头像厚度

复制"头像"图层（快捷键 Ctrl + J），将图层副本命名为"厚度"，再将厚度图层顺序放到"头像"图层下方，用方向键向下移动 5 px。选中图层面板上的"厚度"图层，单击鼠标右键，清除图层样式并重新填充颜色，颜色色值为#c6cddf，效果如图 5.13 所示。

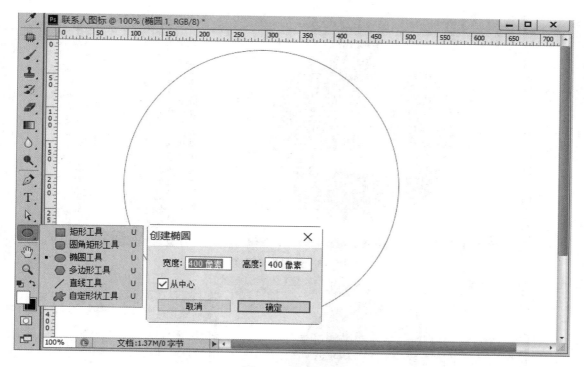

图 5.10　绘制圆形

图 5.11　设置形状图层

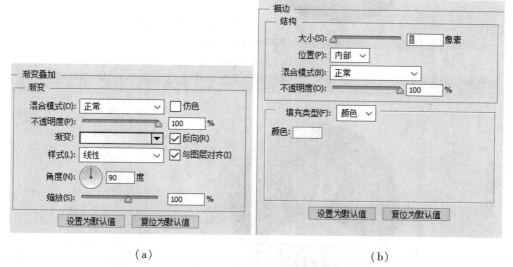

（a）　　　　　　　　　　　　　　　（b）

图 5.12　设置图层混合模式

（5）设置厚度样式

在图层面板中选中"厚度"图层。设置图层混合选项,如图 5.14 所示。

投影:颜色黑色#000000,不透明度为 25%,角度为 90°,不使用全局光,距离为 10,扩展为 0,大小为 10。

图 5.13 绘制头像厚度

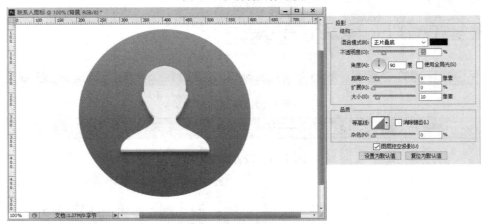

图 5.14 绘制头像厚度

图 5.15 最终效果图和图层分布

5.2.3　搜索图标设计

案例操作 2

图 5.16 所示为扁平化搜索图标的一个制作案例。该图标是一个轻质感式风格图标,其由圆和一个形状图层组成,主要用到的工具有椭圆工具和钢笔工具,主要用到的样式有描边、渐变、投影。

图 5.16　制作成品

操作步骤如下所述。

(1)新建文件

打开 Photoshop 软件,执行"文件→打开"命令新建(快捷键"Ctrl + N")一个新的图像,将其命名为"搜索图标",并将宽度设置为 800 px,高度为 600 px,分辨率为 72 dpi,然后单击"确定",效果如图 5.17 所示。

(2)绘制圆形

选择"椭圆工具",在画布中单击鼠标左键,弹出"创建椭圆"弹出层,设置宽度为 400 px,高度为 400 px,并勾选"从中心"选项,然后单击"确定"按钮,在图层面板将椭圆图层名称改为"外框"。修改颜色,颜色色值为#ff9900,效果如图 5.18 所示。

(3)绘制放大镜镜框和镜片

选择"椭圆工具",在画布中单击鼠标左键,弹出"创建椭圆"弹出层,设置宽度为 156 px,高度为 156 px,并勾选"从中心"选项,然后单击"确定"按钮,在图层面板将椭圆图层名称改为"镜框",移动到相应位置,修改颜色为白色#ffffff。

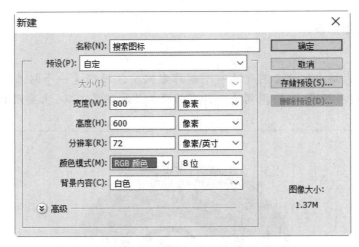

图 5.17　新建文件

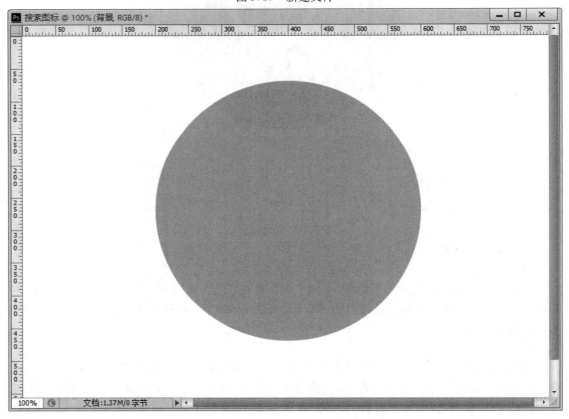

图 5.18　绘制圆形

　　复制图层(快捷键 Ctrl + J)"镜框"得到镜框副本,修改图层名字"镜片"。选择菜单栏→编辑→变换路径(快捷键 Ctrl + T),在工具属性栏将宽度和高度各缩放到 80%,效果如图 5.19 所示。修改"镜片"图层的颜色为#cc6600,效果如图 5.20 所示。

图 5.19　设置属性栏

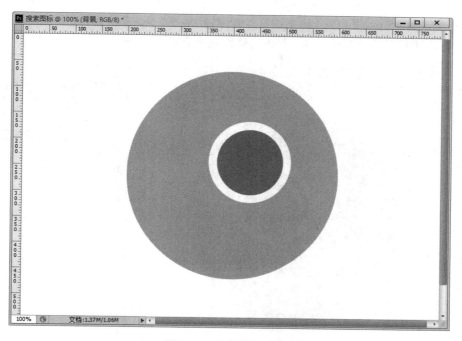

图 5.20 绘制镜框、镜片

（4）绘制镜片高光

选择"钢笔工具"，在工具属性栏里选择形状绘制高光，颜色为白色#ffffff，效果如图 5.21
所示。

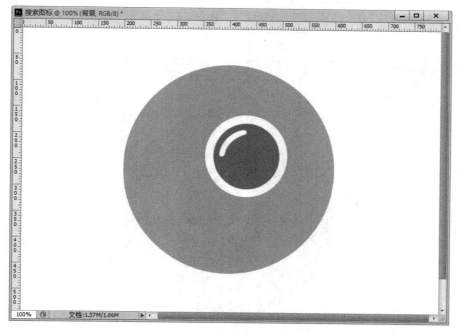

图 5.21 绘制镜片高光

（5）绘制放大镜手柄

选择"圆角矩形工具"，在画布中单击鼠标左键，弹出"创建圆角矩形"弹出层，设置宽度

89

为 160 px,高度为 35 px,并勾选"从中心"选项,然后单击"确定"按钮,效果如图 5.22 所示。在图层面板将椭圆图层的名称改为"手柄",修改颜色色值为#ffcc66。

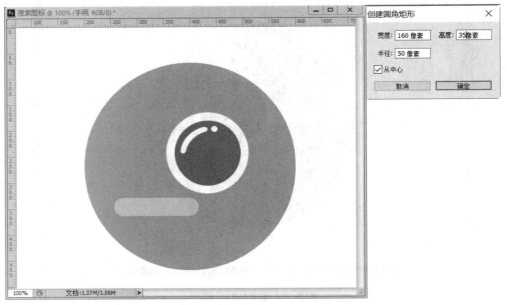

图 5.22　绘制圆角矩形

选择菜单栏→编辑→变换路径(快捷键 Ctrl + T),在工具属性栏修改旋转角度为 - 45°,如图 5.23 所示,移动到相应位置并修改图层顺序,效果如图 5.24 所示。

图 5.23　设置属性栏

图 5.24　绘制手柄

（6）绘制长投影

选择"矩形工具"绘制矩形，将图层命名为"长投影"，并修改旋转角度45°，移动位置，修改图层顺序到"外框"图层上，在图层面板上修改填充透明度为80%，效果如图5.25所示。

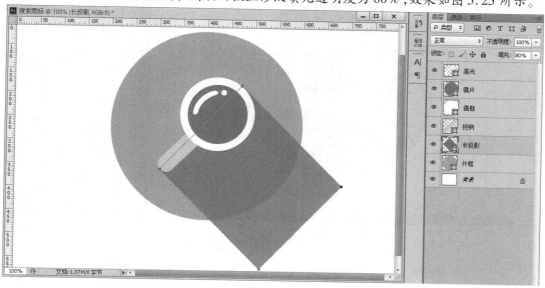

图5.25　绘制矩形投影

在图层面板选中长投影图层，单击鼠标右键对图层"外框"和"长投影"建立剪贴蒙版，效果如图5.26所示。将长投影多余的地方隐藏，最终完成效果如图5.27所示。

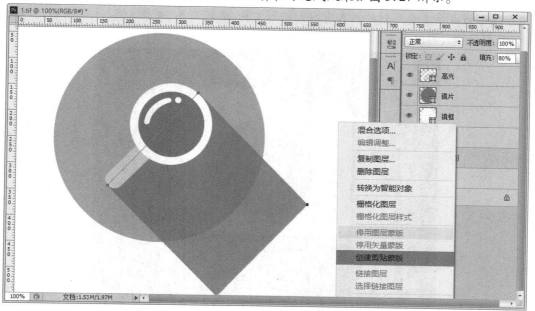

图5.26　设置剪贴蒙版

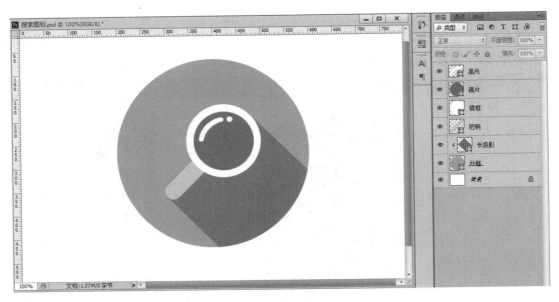

图 5.27　最终效果图和图层分布

5.2.4　照相机图标设计

案例操作 3

图 5.28 所示为照相机图标的一个制作案例。该图标是一个轻厚度式风格图标,由圆角矩形和圆形组成。主要用到的工具有圆角矩形工具、椭圆工具、变换工具,主要用到的样式有描边、渐变、投影、内阴影。

图 5.28　照相机图标

操作步骤如下所述。

(1)新建文件

打开 Photoshop 软件,执行"文件→打开"命令新建(快捷键"Ctrl + N")一个新的图像,将其命名为"联系人图标",并将宽度设置为 1 024 px,高度为 1 024 px,分辨率为 72 dpi,然后单击"确定"按钮,效果如图 5.29 所示,并保存文件(快捷键"Ctrl + S")。

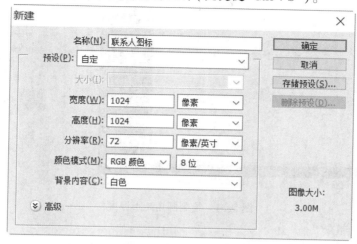

图 5.29 新建文件

(2)填充背景颜色

设置前景色为#0d0d27,并填充前景色到背景。

(3)绘制圆角矩形

选择"圆角矩形工具",在画布中单击鼠标左键,弹出"创建圆角矩形"弹出层,设置宽度为 400 px,高度为 300 px,半径为 30 px,并勾选"从中心"选项,然后单击"确定"按钮,在图层面板将圆角矩形图层名称改为"外框",效果如图 5.30 所示。

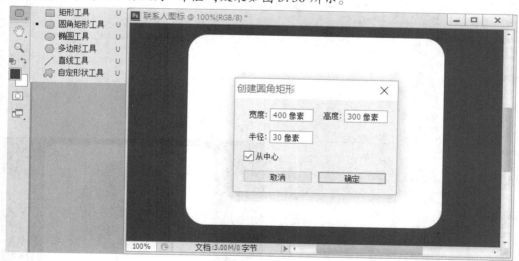

图 5.30 绘制圆角矩形

(4)绘制圆角矩形厚度

复制图层(快捷键 Ctrl + J)"外框",将其命名为"厚度",将颜色改为#b9b9b9,变换图层顺序并用方向键向下移动 8 px。设置"外框"图层的混合选项,添加"渐变叠加",设置渐变方式为"线性渐变",色值从上到下为 #f1f1f1—#ffffff,角度为 90°,效果如图 5.31 所示。

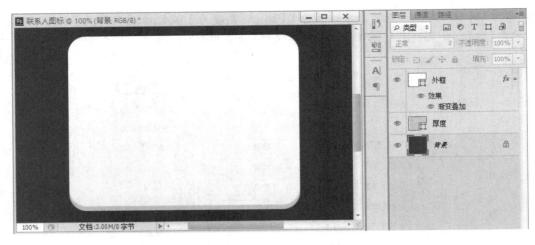

图 5.31　绘制圆角矩形厚度

（5）绘制镜头部分

选择"椭圆工具"，在画布中单击鼠标左键，弹出"创建椭圆"弹出层，设置宽度为 230 px，高度为 230 px，并勾选"从中心"选项，然后单击"确定"按钮，将图层重命名为"镜头 1"。

设置图层混合选项，如图 5.32 所示。

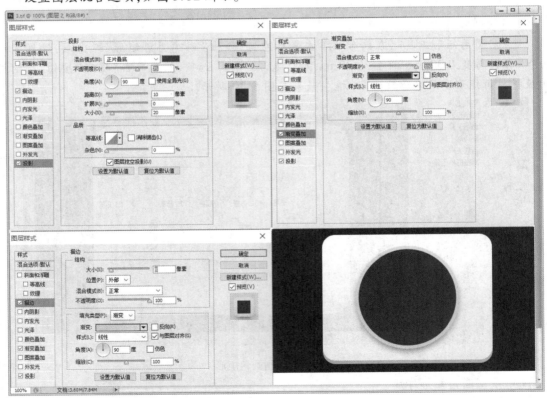

图 5.32　绘制镜头部分

描边：大小 8 px、位置外部、填充类型渐变，色值从上向下为#d5d5d5—#e6e6e6，角度 90°。

渐变叠加：色值从上向下为#292929—#232323，角度 90°。

投影:颜色为#323232,角度90°,距离10,扩展0,大小为13 px。

复制图层"镜头1",将其重命名为"镜头2",单击菜单栏"编辑"→"自由变换路径"(快捷键"Ctrl + T"),缩小60%,右键清除图层样式。

设置图层混合选项,如图5.33所示。

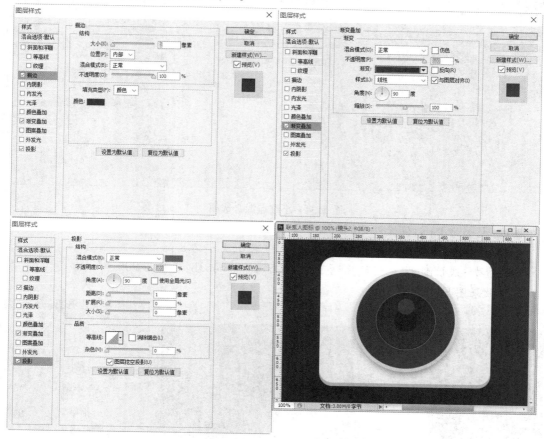

图5.33　绘制镜头高光部分

描边:大小1 px,位置内部,颜色为#111111。

渐变叠加:线性渐变,色值从上到下为 #082441—#08101b,角度为90°。

投影:颜色为#4f4f4f,角度90°,距离1,扩展0,大小为0 px。

再使用椭圆工具画个55 px×55 px的正圆,放到中间,将其命名为镜头3,填充颜色为# 0c0c0c。

最后画镜头的高光,用"椭圆工具"画个正圆,大小自定,将其命名为高光,填充颜色为# FFFFFF,不透明度为10%。

(6)绘制顶部和按键部分

选择"圆角矩形工具",绘制圆角矩形命名为"顶部",通过在变形工具里修改图层,填充颜色为#ebe7e7。

最后绘制相机的小红点,用椭圆工具和圆角矩形工具画个正圆和一个圆角矩形,大小自定,放在相机的左上角和右上角位置。

设置图层混合选项,如图5.34所示。

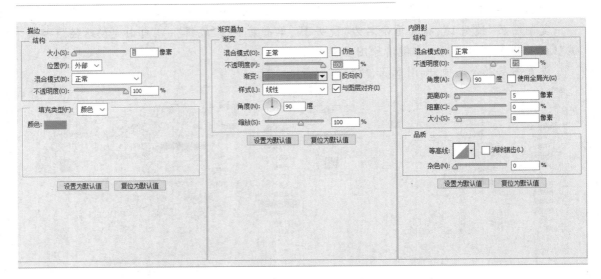

图 5.34　小红点混合选项

描边：大小为 1 px，位置外部，颜色#ff4d42。

内阴影：颜色#ff483d，角度 90°，距离 5 px，阻塞 0，大小为 8 px 。

渐变叠加：线性渐变，色值从上到下为 # fe574c—#ff463b，角度为 90°。

最终效果图如图 5.35 所示。

图 5.35　最终效果图和图层分布

5.3　三维效果 ICON 设计

5.3.1　三维效果设计的特点

所谓立体图标,就是在图标的设计中运用了空间透视、投影效果、浮雕效果、色彩渐变效果等使图标本身看上去具有视觉上的立体效果的图标设计。立体三维图标并不是实际意义上在三维空间设计的图标,而是通过二维平面所表现出来的视觉上的三维立体化效果,是通过透视原理和阴影、投影的表达效果,根据所涉及图标的明暗、色彩、深浅和冷暖等多种要素的变化达到远近和层次的错觉,从而使图标在二维平面的范围内得到立体感和进深感的立体空间效果。随着 Windows 8、IOS7、IOS8 等扁平化风格互联网产品的相继推出,扁平化设计互联网产品界面掀起了一股不小的热潮。但随着现代社会的进步以及人们审美观念的不断提高,纯平面的扁平化二维图标很多时候也不能完全代表更深刻的内涵,而立体三维的表现形式却恰恰能满足很大一部分人们的视觉感受和审美情趣,将自我从束缚中解脱出来,追求个性化和空间的变换。正因为如此,在 UI 设计领域,三维立体效果的图标设计始终占据着重要的地位。设计师对 UI 设计的理解始终是为界面美化设计。而图标作为一种重要的图形传播符号,可通过创造典型的符号特征传达特定的信息。而立体效果的图标有利于设计师更加美观、更加有差异化、更加明确地向使用者传递图标所代表的意义。立体指的是具有长宽高空间因素,平面图标的立体表现和设计师绘画中的立体感表现是一致的。

相比起简洁的扁平化图标而言,立体的图标具有以下一些显而易见的独特优势:

①三维立体,视觉震撼。

②形象生动、易于识别。

③个性多样、美感十足。

④新颖别致、独具一格。

立体图标赋予了图标本身更高的艺术性,也使得图标本身拥有了得天独厚的视觉传达优势。把三维化作为丰富视觉表现的重要手段以及视觉要素在图标设计中的重新定义。立体图标拥有强烈的空间感、立体感和视觉冲击力,图标在显示屏中会更加的真实灵动、触手可及,同时对用户而言,也增加了图形的趣味性并引起用户的点击欲。在图标设计过程中,只要设计师恰当地使用立体设计手法,便可为图标在独特性、趣味性上增色不少,设计出更多的优秀作品。

5.3.2　音乐图标设计

案例操作 1

图 5.36 所示为拟物化图标的一个制作案例。该图标是一个音乐图标,它主要由圆角矩形和圆形组成。主要用到的工具有圆角矩形工具、椭圆工具、变换工具,钢笔工具,主要用到的样式有描边、渐变、投影、内阴影,主要用到的滤镜有杂色、模糊。

图 5.36　制作成品

操作步骤如下所述。

（1）新建文件

打开 Photoshop 软件，执行"文件→打开"命令新建（快捷键"Ctrl + N"）一个新的图像，将其命名为"音乐图标设计"，并将宽度设置为 800 px，高度为 600 px，分辨率为 72 dpi，然后单击"确定"按钮，填充背景图层颜色为#1d202b，效果如图 5.37 所示，并保存文件（快捷键"Ctrl + S"）。

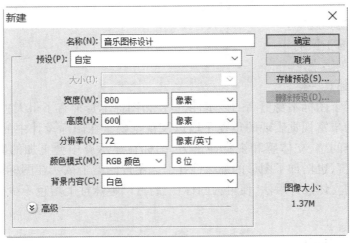

图 5.37　新建文件

（2）绘制圆角矩形

选择"圆角矩形工具"，在画布中单击鼠标左键，弹出"创建圆角矩形"弹出层，设置宽度为 400 px，高度为 400 px，半径 50 px，并勾选"从中心"选项，然后单击"确定"按钮，在图层面板将圆角矩形图层名称改为"厚度"，效果如图 5.38 所示。

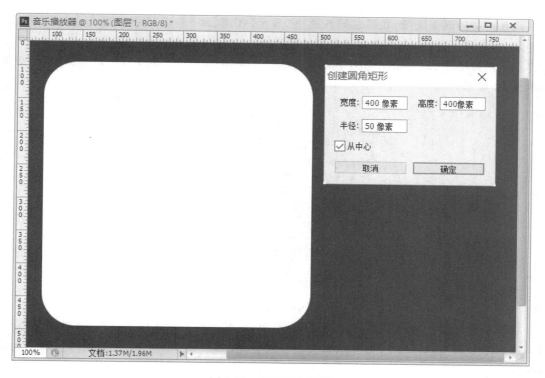

图 5.38 绘制圆角矩形

复制图层(快捷键"Ctrl + J")"厚度",将其命名为"外框",选择直接选择工具,同时选中外框下面的 4 个锚点,并用方向键向上移动 25 px,效果如图 5.39 所示。

图 5.39 绘制圆角矩形

99

设置图层的混合选项:在图层面板选中"厚度"图层,给"厚度"添加"渐变叠加",设置渐变方式"对称渐变"。色值从左到右分别为#b2b2b2(色标位置 0)—#474747(色标位置 15)—#7c7c7c(色标位置 28)—#b9b9b9(色标位置 58)—#dfdfdf(色标位置 100),角度为 180°,效果如图 5.40 所示。

图 5.40　渐变设置

在图层面板选中"外框"图层,给"外框"添加"渐变叠加",设置渐变方式"线性渐变"。色值从左到右分别为#b9b9b9(色标位置 0)—#e9e9e9(色标位置 100),角度为 90°,效果如图 5.41所示。

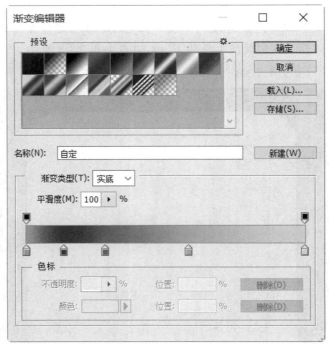

图 5.41　色标设置

给"外框"添加描边样式,大小为 1 px,位置为内部,填充类型渐变,样式线性,角度90°,效果如图 5.42 所示。

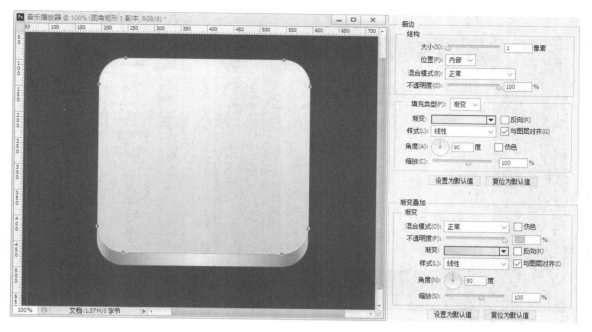

图 5.42 设置渐变、描边

（3）绘制中间部分

选择"椭圆工具"，在画布中单击鼠标左键，弹出"创建圆角矩形"弹出层，设置宽度为 280 px，高度为 280 px，并勾选"从中心"选项，然后单击"确定"按钮，在图层面板将图层名称改为"圆形 1"，将"圆形 1"和"外框"居中对齐，效果如图 5.43 所示。

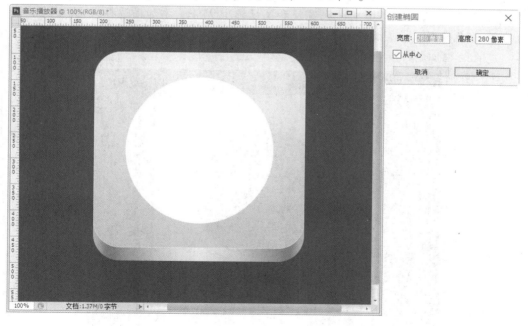

图 5.43 绘制圆形

选中"圆形 1"图层，添加渐变叠加，设置渐变方式"线性渐变"，颜色色值从左到右分别为 #ffffff（色标位置 0）—#bbb5b5（色标位置 100），角度为 90°，效果如图 5.44 所示。

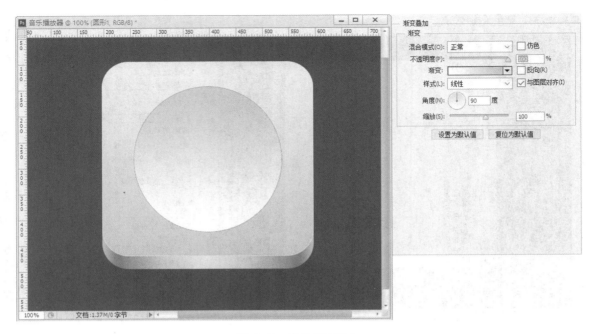

图 5.44　设置渐变叠加

　　复制"圆形 1"图层(快捷键"Ctrl + J"),新图层命名为"圆形 2",单击菜单栏"编辑"→"自由变换路径"(快捷键"Ctrl + T"),宽度和高度缩小 90%,右键清除图层样式。修改颜色为黑色#000000。

　　复制"圆形 2"图层(快捷键"Ctrl + J"),将新图层命名为"圆形 3",单击菜单栏"编辑"→"自由变换路径"(快捷键"Ctrl + T"),宽度和高度缩小 94%。添加描边样式,大小为 5 px,位置为外部,颜色为#1c1c1c,效果如图 5.45 所示。

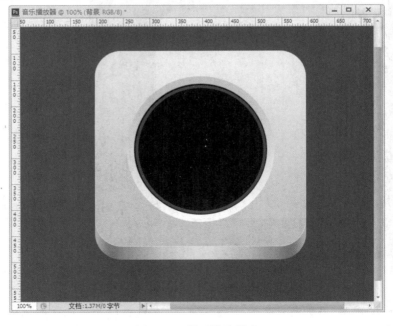

图 5.45　设置描边样式

　　选中"圆形 3",添加渐变叠加,如图 5.46 所示。设置渐变方式"角度渐变"。色值从左到右分别为#555252(色标位置 0)—#000000(色标位置 13)—#e0e0e0(色标位置 22)—#000000(色标位置 31)—#424242(色标位置 48)—#0b0b0b(色标位置 60)—#c2c2c2(色标位置 70)—#000000(色标位置 80)—#555252(色标位置 100),角度为 90°,效果如图 5.47 所示。

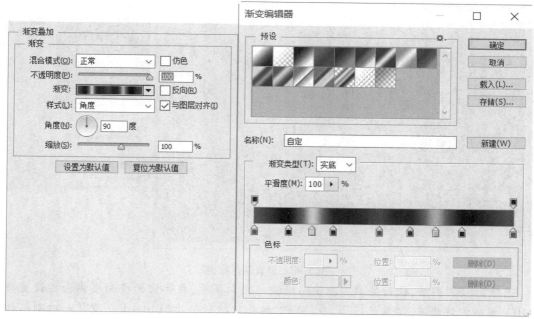

图 5.46　设置渐变样式

图 5.47　效果图

（4）绘制中间纹理部分

复制"圆形 3"图层（快捷键"Ctrl＋J"），将新图层命名为"纹理容器"，在"纹理容器"图层上方新建一个普通图层命名为"纹理"，填充成白色#ffffff，修改前景色和背景色为默认。执行菜单→滤镜→杂色→添加杂色，效果如图 5.48 所示。

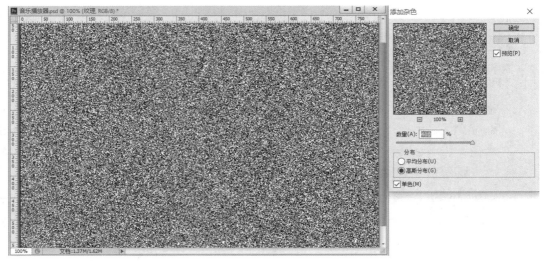

图 5.48　设置杂色滤镜

选择"纹理"图层，执行菜单→滤镜→模糊→径向模糊，在弹出的径向模糊面板设置数量为 100，模糊方法旋转，品质最好，单击"确定"按钮。执行一次"Ctrl＋F"，重复一次刚刚的滤镜，效果如图 5.49 所示。

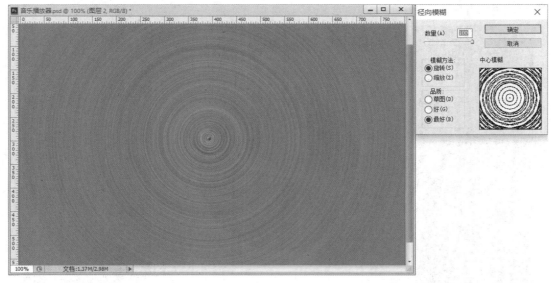

图 5.49　设置旋转模糊滤镜

选择"纹理"图层，单击鼠标右键，对"纹理"图层和"纹理容器"图层建立剪贴蒙版，并在图层面板上将"纹理容器"图层的混合模式改为叠加，并添加 1 px 的黑色描边，效果如图 5.50 所示。

图 5.50　创建剪贴蒙版

（5）绘制中间蓝色圆形

选择"椭圆工具"，在画布中单击鼠标左键，弹出"创建圆角矩形"弹出层，设置宽度为 80 px，高度为 80 px，并勾选"从中心"选项，然后单击"确定"按钮，在图层面板将图层名称改为"蓝色圆形"。

给图层添加混合选项，效果如图 5.51、图 5.52 所示。

渐变叠加：设置渐变方式"线性渐变"。色值从左到右分别为#092958（色标位置 0）—#6383b6（色标位置 100），角度为 90°。

描边：大小 3 px，位置外部，混合模式正片叠底，不透明度为 60，颜色#2a2a2a。

投影：颜色#000000，混合模式正片叠底，不透明度为 75%，角度为 90°，距离为 5，扩展为 0，大小为 5。

内阴影：颜色#729ad9，混合模式正常，不透明度为 100%，角度为 90°，距离为 2。

（6）绘制中间小圆球

选择"椭圆工具"，在画布中单击鼠标左键，弹出"创建圆角矩形"弹出层，设置宽度为 25 px，高度为 25 px，并勾选"从中心"选项，然后单击"确定"按钮，在图层面板将图层名称改为"小圆球"。

图层添加混合选项，效果如图 5.53 所示。

渐变叠加：设置渐变方式为"径向渐变"。色值从左到右分别为#6b6b6b（色标位置 0）—#1d1d1d（色标位置 28）—#ffffff（色标位置 100），角度为 90°。

描边：大小 1 px，位置内部，混合模式正常，不透明度为 100%，颜色#282828。

投影：颜色#000000，混合模式正常，不透明度为 85，角度为 90°，距离为 8，扩展为 5，大小为 5。

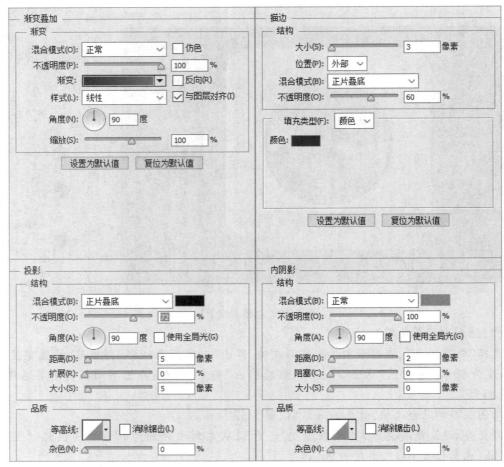

图 5.51　设置混合选项

图 5.52　混合选项效果

图 5.53　混合选项效果

（7）绘制拨针

选择"椭圆工具"，在画布中单击鼠标左键，弹出"创建圆角矩形"弹出层，设置宽度为 60 px，高度为 60 px，并勾选"从中心"选项，然后单击"确定"按钮，在图层面板将图层名称改为"拨针 1"。

图层添加混合选项，效果如图 5.54 所示。

图 5.54　混合选项效果

渐变叠加：设置渐变方式"线性渐变"。色值从左到右分别为#dedcdd（色标位置 0）—#ececec（色标位置 100），角度为 90°。

内阴影:颜色#ffffff,混合模式正常,不透明度为100%,角度为120°,不使用全局光,距离为2,扩展为0,大小为0。

投影:颜色#000000,混合模式正片叠底,不透明度为60%,角度为90°,不使用全局光,距离为5,扩展为0,大小为6。

选择"钢笔工具"设置为形状,将其命名为"支杆"。

图层添加混合选项,效果如图5.55所示。

图5.55　混合选项效果

内阴影:颜色#000000,混合模式正片叠底,不透明度为40%,角度−34°,不使用全局光,距离为3,扩展为12,大小为6。

投影:颜色#000000,混合模式正片叠底,不透明度为65%,角度为120°,不使用全局光,距离为5,扩展为0,大小为5。

选择"圆角矩形工具"绘制圆角矩形,将其命名为"拨针",使用"Ctrl + T"快捷键旋转45°。

图层添加混合选项,效果如图5.56所示。

①渐变叠加:设置渐变方式"线性渐变"。色值从左到右分别为#dedcdd(色标位置0)—#ececec(色标位置100),角度为90°。

②内阴影:颜色#ffffff,混合模式正常,不透明度为100%,角度为120°,不使用全局光,距离为2,扩展为0,大小为0。

③投影:颜色#000000,混合模式正片叠底,不透明度为60%,角度为90°,不使用全局光,距离为5,扩展为0,大小为6。

(8)绘制背景

最后给背景添加渐变效果,给"厚度"图层添加投影,最终效果如图5.57所示。

图 5.56 混合选项效果

图 5.57 最终效果图

5.3.3 电话簿图标设计

案例操作 2

电话簿图标主要由圆角矩形和自由曲线、圆形组成,如图 5.58 所示。主要用到的工具有圆角矩形工具、椭圆工具、变换工具,钢笔工具;主要用到的样式有描边、渐变、投影、内阴影、内发光;主要用到的滤镜为模糊。

操作步骤如下所述。

图 5.58　制作成品效果图

（1）新建文件

打开 Photoshop 软件，执行"文件→打开"命令新建（快捷键"Ctrl + N"）一个新的图像，将其命名为"电话簿图标设计"，并将宽度设置为 800 px，高度为 600 px，分辨率为 72 dpi，然后单击"确定"按钮，效果如图 5.59 所示，保存文件（快捷键"Ctrl + S"）。

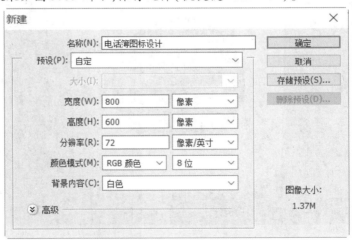

图 5.59　新建文件

（2）填充背景颜色

设置前景色为#1b1b29，填充前景色到背景，效果如图 5.60 所示。

（3）绘制圆角矩形

选择"圆角矩形工具"，在画布中单击鼠标左键，弹出"创建圆角矩形"弹出层，设置宽度为 400 px，高度为 360 px，半径 80 px，并勾选"从中心"选项，然后单击"确定"按钮，在图层面板将圆角矩形图层名称改为"外框"，并修改颜色为#393939，效果如图 5.61 所示。

图 5.60　填充背景

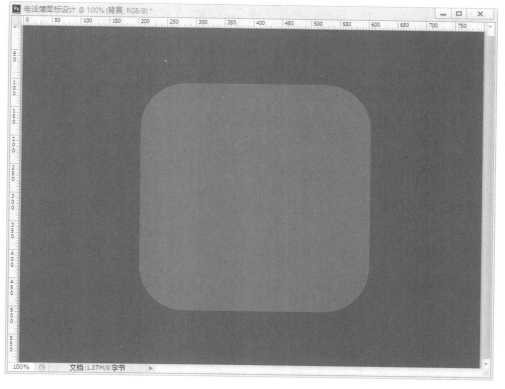

图 5.61　绘制圆角矩形

（4）绘制圆角矩形厚度

选择"圆角矩形工具"，在画布中单击鼠标左键，弹出"创建圆角矩形"弹出层，设置宽度为 400 px，高度为 400 px，半径为 80 px，并勾选"从中心"选项，然后单击"确定"按钮，在图层面板将圆角矩形图层名称改为"厚度"，将"厚度"图层放到"外框"图层下面，设置"厚度"图层的混合选项，添加"渐变叠加"，设置渐变方式"对称渐变"，色值从上到下为 #121212（色标位置 0）—#292929（色标位置 10）—#101010（色标位置 25）—#484848（色标位置 100），角度为 180°，效果如图 5.62、图 5.63 所示。

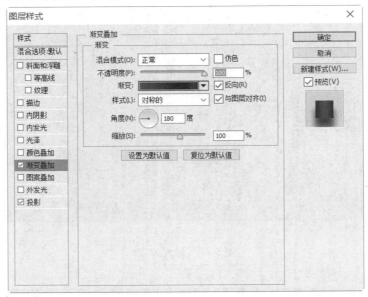

图 5.62　设置渐变叠加

图 5.63　渐变叠加效果

（5）设置外框图层样式

在图层面板选中"外框图层"，设置混合选项，效果如图5.68所示。

描边：大小为2，位置内部，混合模式正常，不透明度为100%，填充类型为渐变，样式线性，角度为90°，效果如图5.64所示。

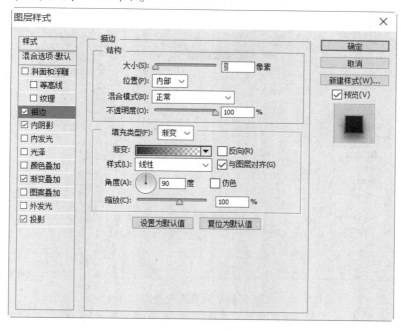

图5.64　设置描边效果

①内阴影：混合模式为正片叠底，不透明度为75%，角度为90°，不使用全局光，距离为5，阻塞为0，大小为30，效果如图5.65所示。

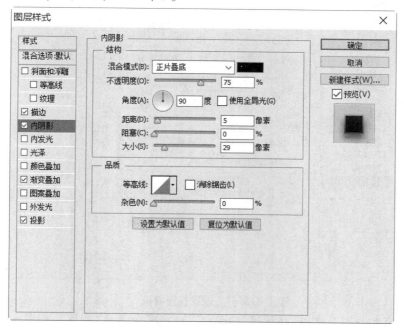

图5.65　设置内阴影效果

②渐变:混合模式为正常,不透明度为100%,样式径向渐变,角度为90°,色值从左到右为#000000(色标位置0)—#282828(色标位置100),效果如图5.66所示。

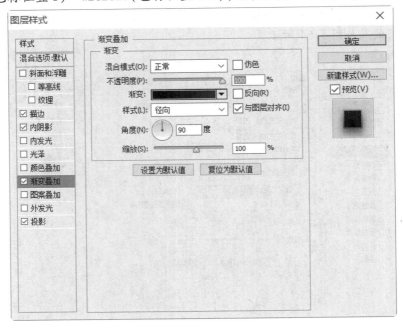

图5.66　设置渐变叠加

③投影:混合模式为正常,颜色黑色,不透明度为50%,角度为90°,不使用全局光,距离为8,扩展为0,大小为18,效果如图5.67所示。

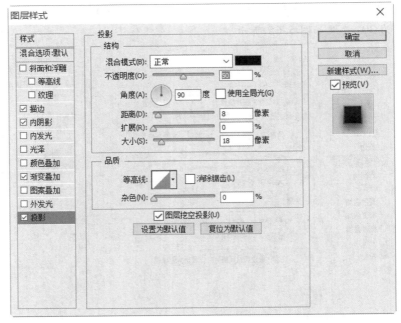

图5.67　设置投影效果

将外框所有相关图层建组(快捷键"Ctrl + G"),将其命名为"外框",如图5.68所示。

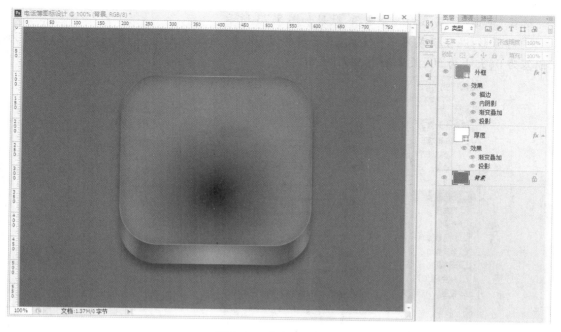

图 5.68 命名为"外框"

（6）绘制电话

选择"钢笔工具"，在工具属性栏设置为形状，效果如图 5.69 所示。绘制电话形状，将图层命名为"电话"。颜色修改为#252525，并移动到相应位置，效果如图 5.70 所示。

图 5.69 设置钢笔工具

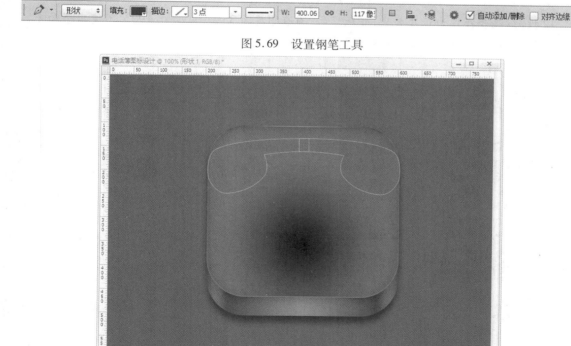

图 5.70 绘制电话形状

选择"电话"图层添加混合选项,效果如图 5.73 所示。

①内阴影:混合模式为正片叠底,不透明度为 100%,角度为 120°,不使用全局光,距离为 0,阻塞为 0,大小为 50,效果如图 5.71 所示。

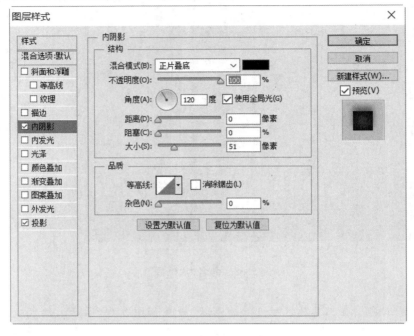

图 5.71　设置内阴影效果

②投影:混合模式为正片叠底,颜色黑色,不透明度为 35%,角度为 -90°,不使用全局光, 距离为 7,扩展为 0,大小为 10,效果如图 5.72 所示。

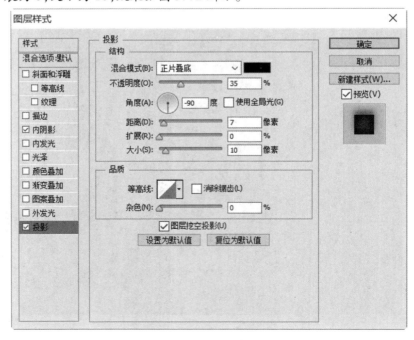

图 5.72　设置投影效果

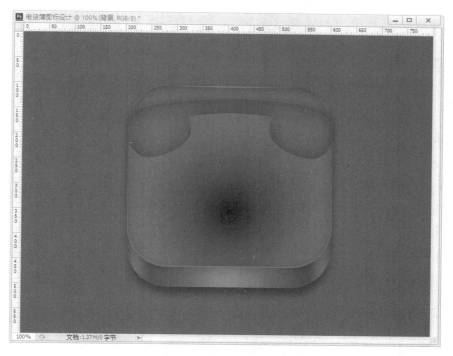

图 5.73　效果图

（7）绘制电话阴影

选择"钢笔工具"，在工具属性栏设置为形状。设置辅助线，绘制电话阴影形状，注意锚点的分布，将图层命名为"电话阴影"，图层顺序放到"电话"图层下面。颜色修改为#090909，效果如图 5.74 所示。

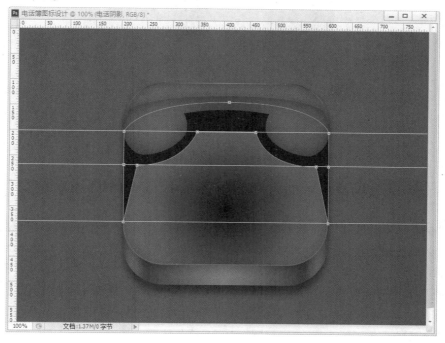

图 5.74　绘制电话阴影形状

选择"电话阴影"图层,执行菜单→滤镜→模糊→高斯模糊,在弹出的提示框选择确定是否要栅格化此形状,效果如图 5.75 所示,设置高斯模糊半径为 6.3,效果如图 5.76 所示。

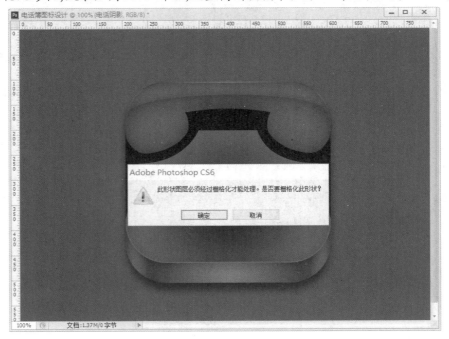

图 5.75　栅格化

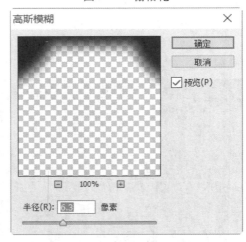

图 5.76　设置模糊滤镜

选择"钢笔工具",在工具属性栏设置为形状。绘制电话听筒和话筒的细节,将图层命名为"细节",效果如图 5.77 所示。用路径工具在画布中选中绘制的曲线,在工具属性栏里面设置填充为无,描边 1 px,描边颜色为#080808。复制一个向右下方移动 1 px,颜色修改为#262626。将电话所有相关图层建组(快捷键"Ctrl + G")命名为"电话"。效果如图 5.78、图 5.79 所示。

(8)绘制电话支架

选择"钢笔工具",在工具属性栏设置为形状。设置辅助线,绘制电话支架形状,注意锚点的分布,将图层命名为"电话支架",图层顺序放到"电话"图层上面。颜色修改为#212121,效果如图 5.80 所示。

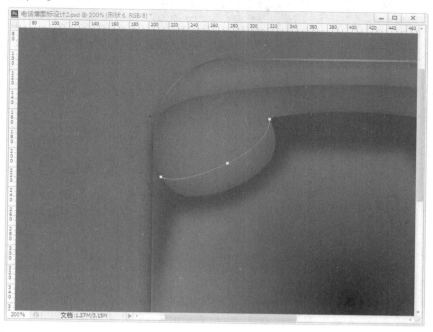

图 5.77　绘制曲线

图 5.78　设置描边曲线

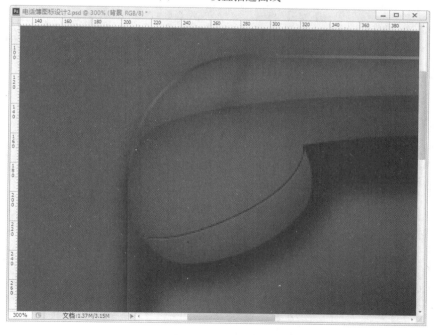

图 5.79　细节效果

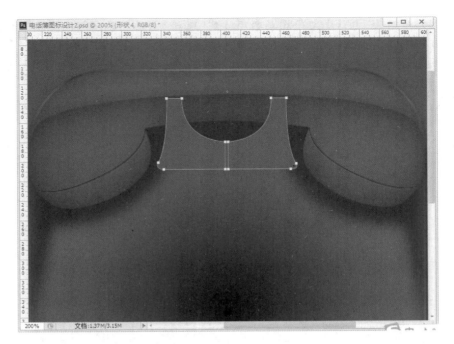

图 5.80　绘制电话支架

在图层面板选中"支架",设置混合选项,效果如图 5.85 所示。

①内阴影:混合模式为正片叠底,不透明度为 86%,角度为 90°,不使用全局光,距离为 5,阻塞为 31,大小为 0,效果如图 5.81 所示。

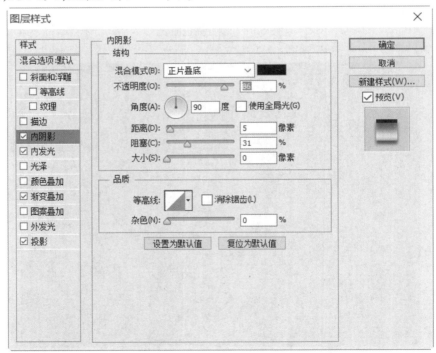

图 5.81　设置内阴影

②内发光:混合模式为滤色,不透明度为 22%,阻塞为 0,大小为 7,效果如图 5.82 所示。

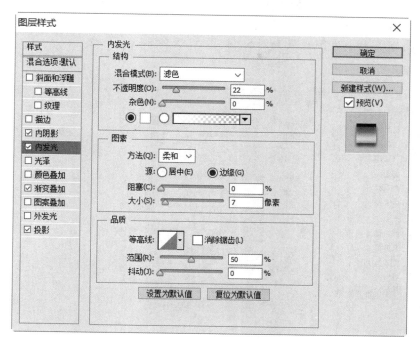

图 5.82　设置内发光

③渐变:混合模式为正常,不透明度为100%,样式线性渐变,角度为90°,色值从左到右为#4f4f4f(色标位置0)—#6c6c6c(色标位置120)—#e7e7e7(色标位置35)—#8e8e8e(色标位置55)—#565656(色标位置70)—#474747(色标位置93)—#f6f6f6(色标位置94)—#dedede(色标位置100),效果如图5.83所示。

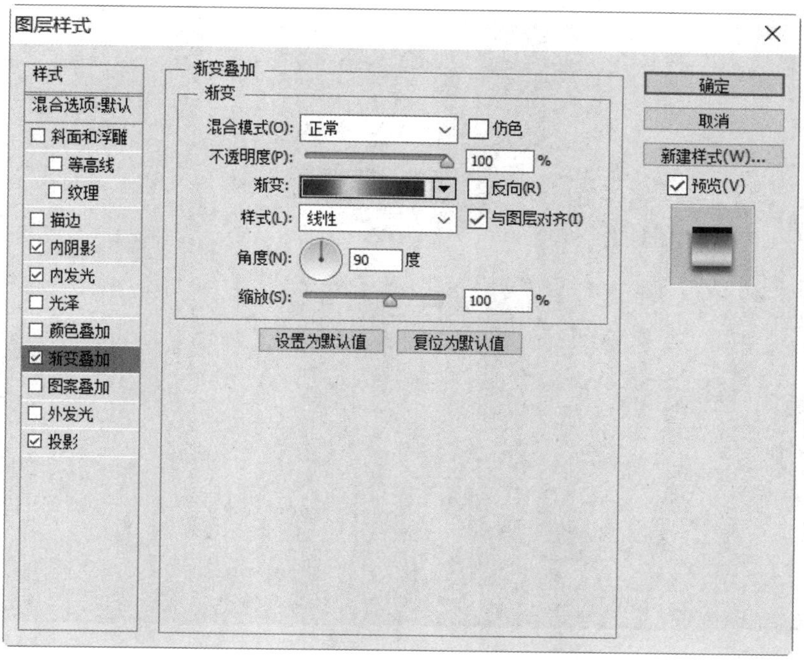

图 5.83　设置渐变叠加

④投影:混合模式为正片叠底,颜色黑色,不透明度为 60%,角度为 90°,不使用全局光,距离为 5,扩展为 0,大小为 5,效果如图 5.84、图 5.85 所示。

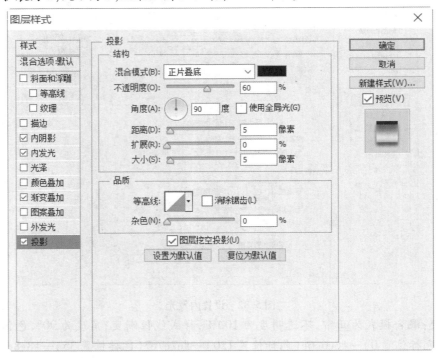

图 5.84　投影

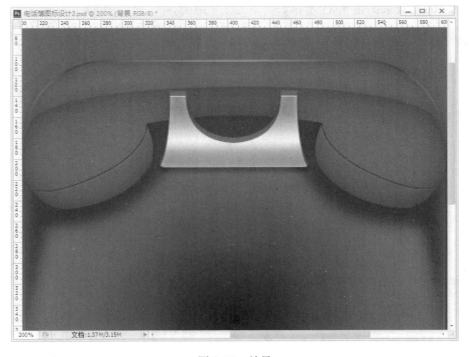

图 5.85　效果

（9）绘制电话支架细节

选择"钢笔工具"，在工具属性栏设置为形状。绘制电话支架投影形状，注意锚点的分布，将图层命名为"电话支架投影"，图层顺序放到"电话支架"图层下面。颜色修改为#090909，效果如图 5.86 所示。

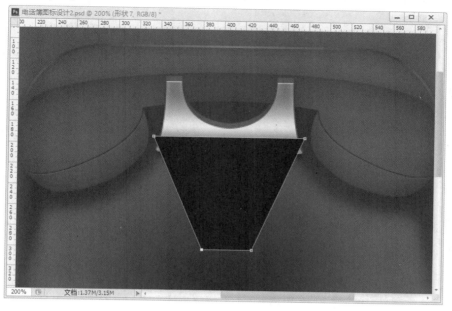

图 5.86 绘制投影

选择"电话支架投影"图层，执行菜单→滤镜→模糊→高斯模糊，在弹出的提示框"是否要栅格化此形状"上单击确定，设置高斯模糊半径为 6.3。将电话支架所有相关图层建组（快捷键"Ctrl + G"）命名为"电话支架"，效果如图 5.87 所示。

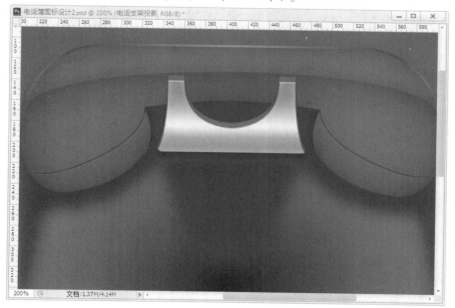

图 5.87 模糊滤镜

123

（10）绘制电话拨号转盘

隐藏"电话支架"图层组,在该图层组下方新建组"电话拨号转盘"。在"电话拨号转盘"中选择椭圆工具绘制一个宽度为 214 px,高度为 219 px 的椭圆,将其命名为"椭圆 1",并将其移动到相应位置,对"椭圆 1"图层添加混合模式,效果如图 5.88 所示。

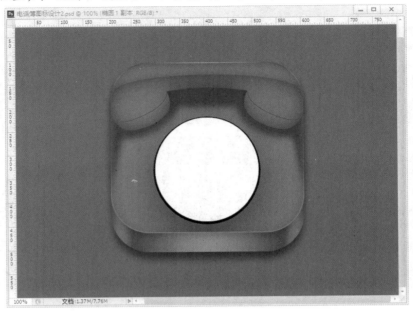

图 5.88　效果图

①投影:混合模式为正常,颜色黑色,不透明度为 100%,角度为 90°,不使用全局光,距离为 2,扩展为 100,大小为 4,设置如图 5.89 所示。

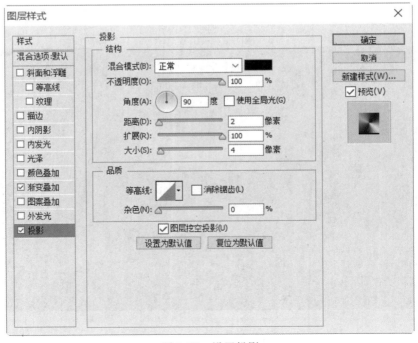

图 5.89　设置投影

选择椭圆工具绘制一个宽度为 214 px,高度为 214 px 的椭圆,将其命名为"椭圆 2",移动到相应位置,对"椭圆 2"图层添加混合模式,效果如图 5.90 所示。

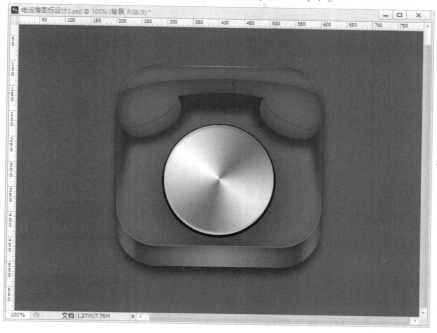

图 5.90　效果图

②内阴影:混合模式为正片叠底,不透明度为 40% ,角度为 90° ,不使用全局光,距离为 5,阻塞为 0,大小为 5,效果如图 5.91 所示。

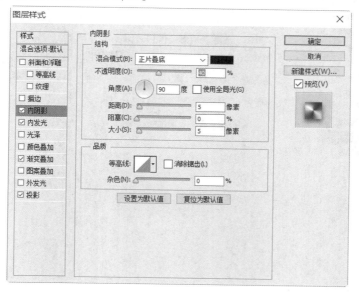

图 5.91　设置内阴影

③内发光:混合模式为滤色,不透明度为 15% ,阻塞为 0,大小为 6,效果如图 5.92 所示。

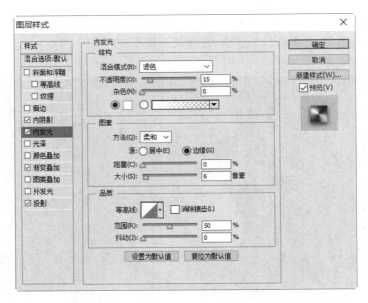

图 5.92　设置内发光

④渐变:混合模式为正常,不透明为 100%,样式角度渐变,角度为 148°,色值从左到右为 #fefefe(色标位置 0)—#323232(色标位置 30)—#e1e1e1(色标位置 50)—#323232(色标位置 73)—#fefefe(色标位置 100),效果如图 5.93 所示。

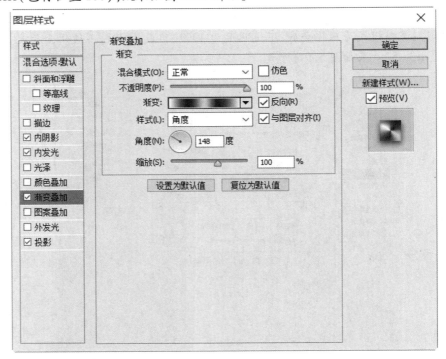

图 5.93　设置渐变叠加

⑤投影:混合模式为正常,颜色黑色,不透明度为 60%,角度为 90°,不使用全局光,距离 为 4,扩展为 0,大小为 9,效果如图 5.94 所示。

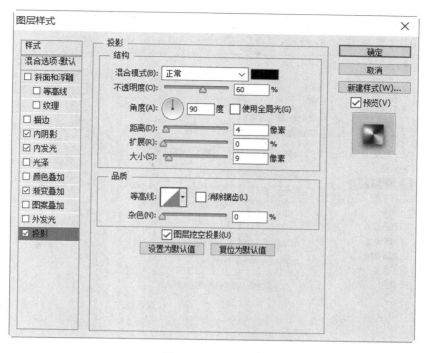

图 5.94 设置投影

选择椭圆工具绘制一个宽度为 80 px,高度为 80 px 的椭圆,将其命名为"椭圆 3",移动到相应位置,对"椭圆 3"图层添加混合模式,效果如图 5.99 所示。

①描边:大小 2,位置外部,混合模式为正常,不透明度为 80%,颜色黑色,效果如图 5.95 所示。

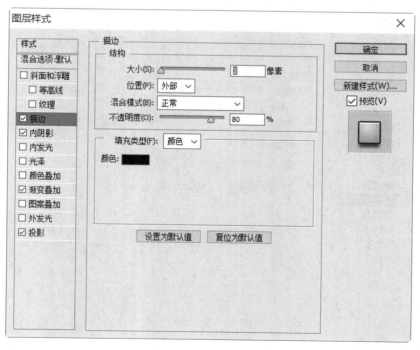

图 5.95 设置描边

127

②内阴影:混合模式为正常,不透明度为90%,角度为90°,不使用全局光,距离为2,阻塞为0,大小为0,效果如图5.96所示。

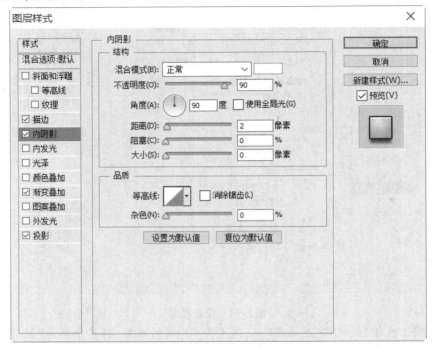

图 5.96　设置内阴影

③渐变:混合模式为正常,不透明度为100%,样式为径向渐变,角度为90°,色值从左到右为#b4b4b4(色标位置0)—#ebebeb(色标位置100),效果如图5.97所示。

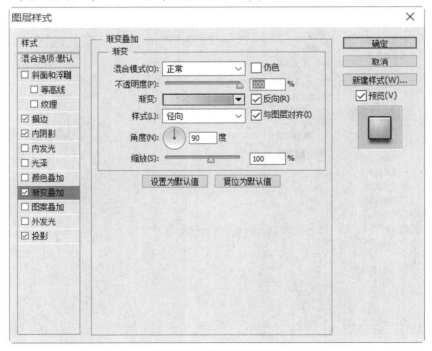

图 5.97　设置渐变叠加

④投影:混合模式为正片叠底,颜色黑色,不透明度为 60%,角度为 90°,不使用全局光,距离为 7,扩展为 0,大小为 5,效果如图 5.98 所示。

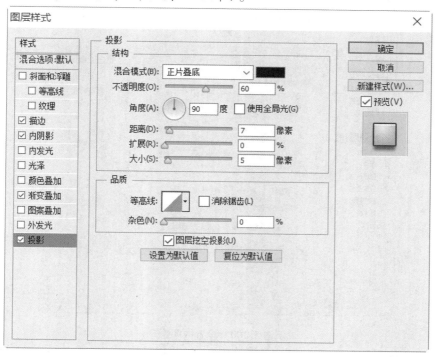

图 5.98 设置投影

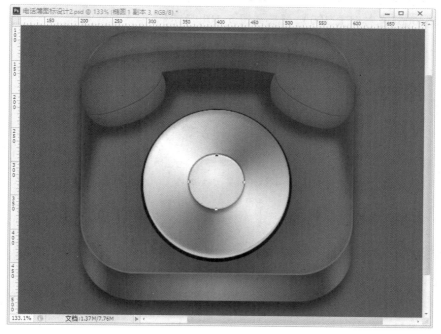

图 5.99 效果图

选择"钢笔工具",在工具属性栏设置为形状。绘制形状,图层命名为"拨盘指针",设置

129

混合选项,效果如图 5.103 所示。

①内阴影:混合模式为正常,颜色白色,不透明度为 56%,角度为 -100°,不使用全局光,距离为 2,阻塞为 0,大小为 0,效果如图 5.100 所示。

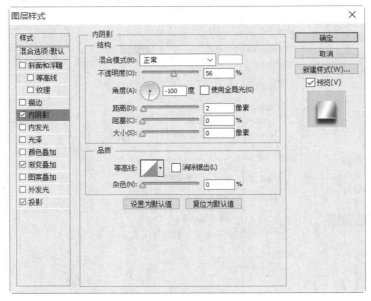

图 5.100　设置内阴影

②渐变:混合模式为正常,不透明度为 100%,样式线性渐变,角度为 163°,色值从左到右为 #a3a3a3(色标位置 6)—#6e6e6e(色标位置 25)—#fbfbfb(色标位置 50)—#a8a8a8(色标位置 85)—#d6d6d6(色标位置 100),效果如图 5.101 所示。

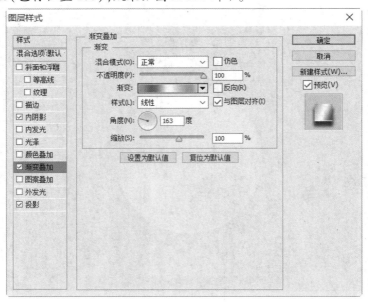

图 5.101　设置渐变叠加

③投影:混合模式正片叠底,颜色黑色,不透明度为 75%,角度为 90°,不使用全局光,距离为 8,扩展为 11,大小为 13,效果如图 5.102 所示。

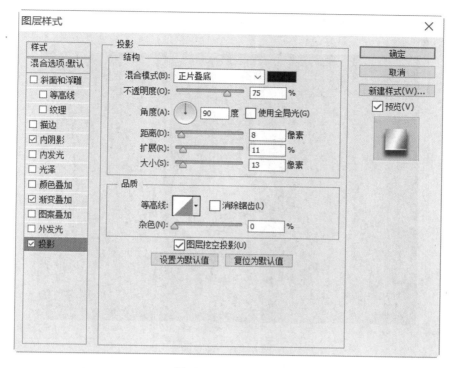

图 5.102 设置投影

图 5.103 效果图

(11) 绘制电话拨号数字

选择椭圆工具，绘制一个宽度为 34 px，高度为 34 px 的椭圆，将其命名为"椭圆 4"，并移动到相应位置，对"椭圆 4"图层添加混合模式，最后输入文字，文字字体微软雅黑，大小 24

px。余下的复制修改数字,效果如图 5.104 所示。

图 5.104　效果图

①内阴影:混合模式正片叠底,颜色黑色,不透明度为 75%,角度为 90°,不使用全局光,距离为 5,阻塞为 20,大小为 4。

②投影:混合模式正常,颜色白色,不透明度为 75%,角度为 90°,不使用全局光,距离为 1,扩展为 0,大小为 0。

(12)修改细节

在图层面板打开"电话支架"图层组,效果如图 5.105 所示。

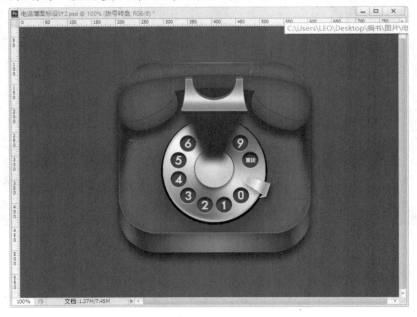

图 5.105　最终效果图

在图层面板选中"电话支架投影"图层,选中橡皮擦工具,选择柔角画笔,如图5.106所示,在工具属性栏设置画笔不透明度为34%,如图5.107所示。用画笔工具对"电话支架投影"进行涂抹,最终效果如图5.108所示。

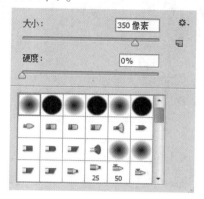

图5.106　设置画笔笔触效果

图5.107　设置画笔透明效果

图5.108　最终效果图

5.3.4　打印机图标设计

案例操作3

打印机图标主要由圆角矩形和椭圆形组成,主要用到的工具有圆角矩形工具、椭圆工具、变换工具、钢笔工具、直接转换点工具,主要用到的样式有描边、渐变、投影、内阴影。

操作步骤如下所述,制作成品如图5.109所示。

图 5.109　制作成品

（1）新建文件

打开 Photoshop 软件，执行"文件→打开"命令新建（快捷键"Ctrl + N"）一个新的图像，将其命名为"打印机效果设计"，并把宽度设置为 800 px，高度为 600 px，分辨率为 72 dpi，然后单击"确定"按钮，效果如图 5.110 所示，并保存文件（快捷键"Ctrl + S"）。

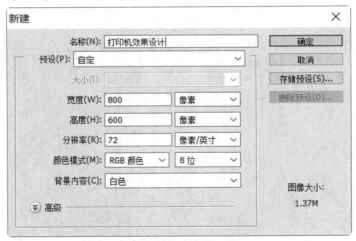

图 5.110　新建文件

（2）填充背景颜色

背景填充渐变颜色，方式径向渐变，效果如图 5.111 所示。

（3）绘制圆角矩形

选择"圆角矩形工具"，在画布中单击鼠标左键，弹出"创建圆角矩形"弹出层，设置宽度为 400 px，高度为 238 px，半径为 60 px，并勾选"从中心"选项，然后单击"确定"按钮，在图层面板将图层名称改为"面板"。设置图层混合选项，最终效果如图 5.115 所示。

①内阴影：混合模式为正常，颜色白色，不透明度为 12%，角度为 -90°，不使用全局光，距离为 5，阻塞为 0，大小为 20，效果如图 5.112 所示。

图 5.111　填充背景

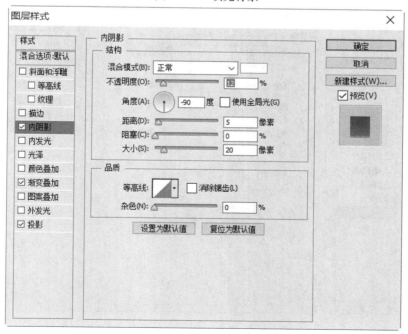

图 5.112　设置内阴影效果

②渐变叠加:混合模式为正常,不透明度为 100% ,样式为线性渐变,角度为 90°,颜色色

135

值从上向下为#838383(色标位置0)—#5e5e5e(色标位置100),效果如图5.113所示。

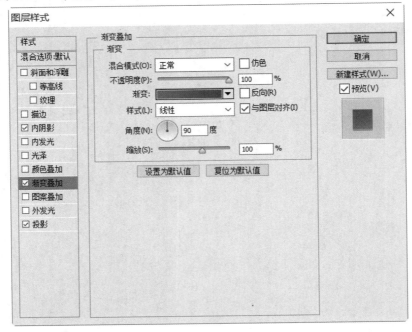

图 5.113　设置渐变叠加效果

③投影:混合模式为正常,颜色#a4a4a4,不透明度为100%,角度90°,不使用全局光,距离为3,扩展为0,大小为0,效果如图5.114所示。

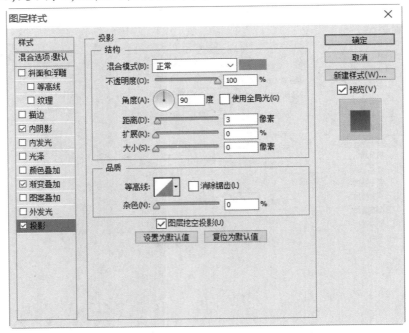

图 5.114　设置投影效果

(4)绘制面板厚度

选择"面板图层",复制一层,将其命名为"面板厚度",用方向键向下移动30 px,在图层面板选中"面板厚度"图层,单击右键,在弹出层里面选择清除图层样式。

　　设置图层混合选项,效果如图5.115所示。

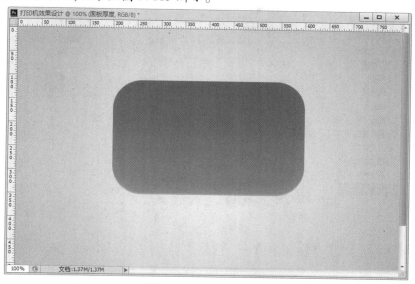

图 5.115　最终效果图

　　①渐变叠加:混合模式为正常,不透明度为100%,样式为对称渐变,角度为180°,颜色色值从左向右为#363636(色标位置0)—#d4d4d4(色标位置15)—#363636(色标位置32)—#898989(色标位置100),效果如图5.116所示。

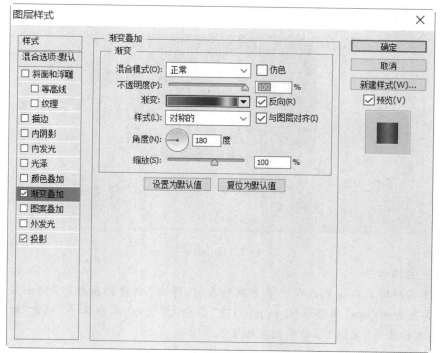

图 5.116　设置渐变叠加效果

　　②投影:混合模式为正常,颜色#e4e4e4,不透明度为75%,角度为90°,不使用全局光,距离为2,扩展为0,大小为0,效果如图5.117所示。

137

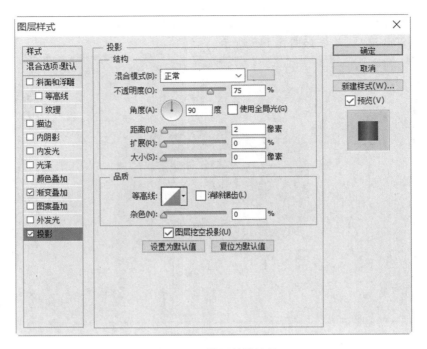

图 5.117　设置投影效果

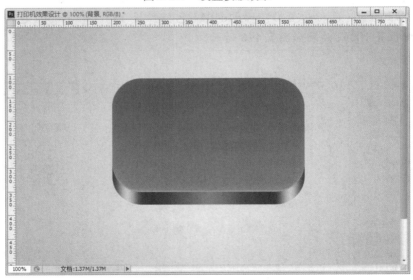

图 5.118　效果

（5）绘制主体部分

选择"圆角矩形工具"，在画布中单击鼠标左键，弹出"创建圆角矩形"弹出层，设置宽度为 400 px，高度为 400 px，半径为 60 px，并勾选"从中心"选项，然后单击"确定"按钮，在图层面板将图层名称改为"主体"移动到相应位置。

设置图层混合选项，注意图层顺序，效果如图 5.121 所示。

①渐变叠加：混合模式为正常，不透明度为 100%，样式线性渐变，角度为 180°，颜色色值从左向右为 #a6a6a6（色标位置 0）—#e2e2e2（色标位置 15）—#898989（色标位置 32）—

#cdcdcd(色标位置 100),效果如图 5.119 所示。

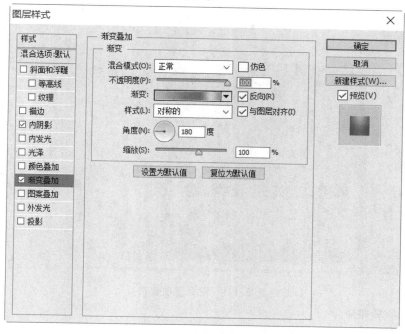

图 5.119 设置渐变叠加效果

②内阴影:混合模式为正片叠底,颜色黑色,不透明度为 35%,角度为 -90°,不使用全局光,距离为 20,阻塞为 0,大小为 40,效果如图 5.120 所示。

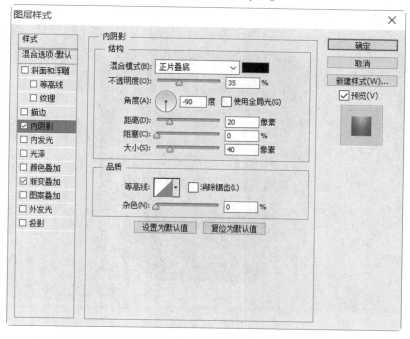

图 5.120 设置内阴影效果

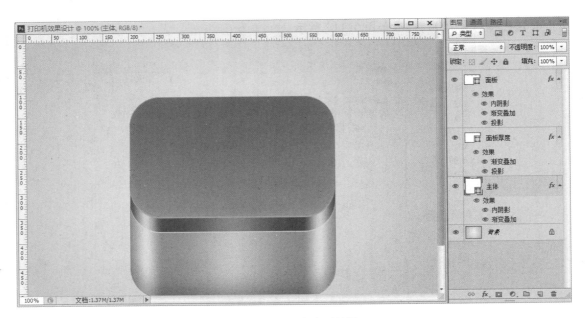

图 5.121　混合选项效果

（6）绘制抽屉部分

选择"圆角矩形工具"，在画布中单击鼠标左键，弹出"创建圆角矩形"弹出层，设置宽度为 250 px，高度为 150 px，半径为 40 px，并勾选"从中心"选项，然后单击"确定"按钮，在图层面板将图层名称改为"抽屉"，颜色修改为#262626，并将其移动到相应位置，注意锚点和主体底部位置，效果如图 5.122 所示。

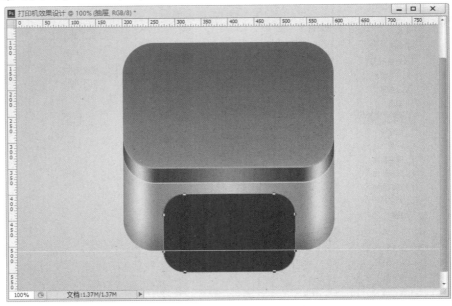

图 5.122　绘制圆角矩形

选择"直接选择工具"选项，将底部两个锚点删除，选择"转换点工具"修改锚点，将曲线变成直线，效果如图 5.123 所示。

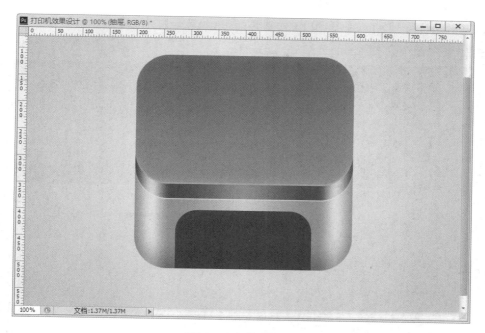

图 5.123　修改锚点

　　复制"抽屉"图层,将其命名为"抽屉 2",用直接选择工具将左边 3 个锚点选中,用方向键向右移动 3 px,效果如图 5.124 所示,用直接选择工具将右边 3 个锚点选中,用方向键向左移动 3 px,用直接选择工具将顶部 4 个锚点选中,用方向键向下移动 3 px,最后效果如图 5.125所示。

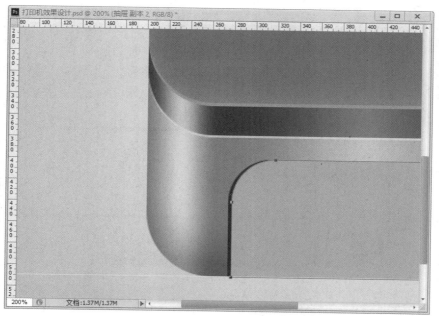

图 5.124　修改锚点

　　分别选择"矩形工具"和"圆角矩形工具",选择绘制形状,在工具属性栏选择减去顶层形状,用矩形工具在"抽屉"图层中间绘制高 3 px 的一个矩形,用圆角矩形工具在"抽屉"图层底

141

部绘制宽 245 px,高 135 px,半径 30 px 的圆角矩形,效果如图 5.126 所示。

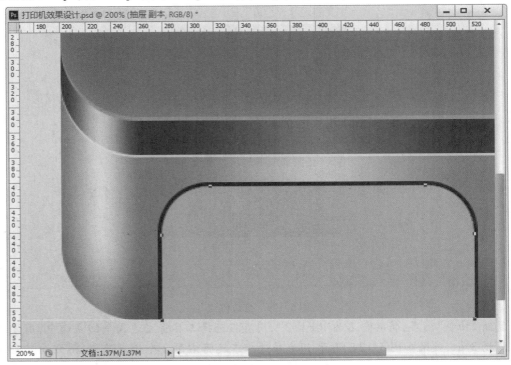

图 5.125　效果图

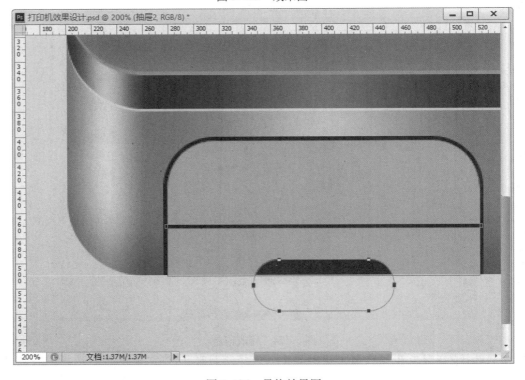

图 5.126　最终效果图

选择"抽屉"图层,对其添加图层混合选项,输入文字"Epson printer",颜色#7d7d7d,效果如图 5.129 所示。

①内阴影:混合模式为正常,颜色#e6e6e6,不透明为 100%,角度为 90°,不使用全局光,距离为 2,阻塞为 0,大小为 0,效果如图 5.127 所示。

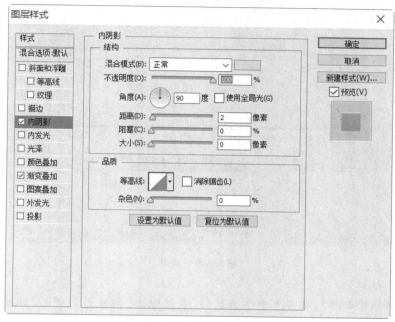

图 5.127　设置内阴影效果

②渐变叠加:混合模式为正常,不透明度为 100%,样式线性渐变,角度为 90°,颜色色值从左向右#ababab(色标位置 0)—#bcbcbc(色标位置 100),效果如图 5.128 所示。

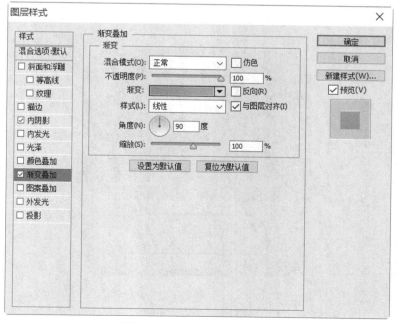

图 5.128　设置渐变叠加效果

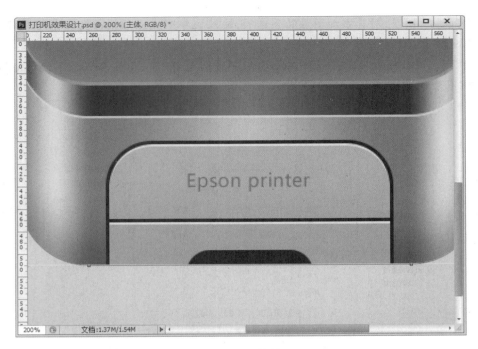

图 5.129 效果

（7）绘制出纸口

选择"圆角矩形工具"，在画布中单击鼠标，左键弹出"创建圆角矩形"弹出层，设置宽度为 280 px，高度为 175 px，半径为 50 px，并勾选"从中心"选项，然后单击"确定"按钮，在图层面板将图层名称改为"出纸口背景"，颜色修改为#181818，移动到相应位置，效果如图 5.130 所示。

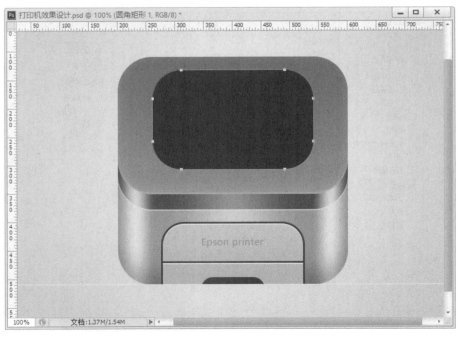

图 5.130 效果

选择"圆角矩形工具",在画布中单击鼠标左键,弹出"创建圆角矩形"弹出层,设置宽度为 274 px,高度为 172 px,半径为 50 px,并勾选"从中心"选项,然后单击"确定"按钮,在图层面板将图层名称改为"出纸口挡板",颜色修改为#636363,移动到相应位置,效果如图 5.131所示。

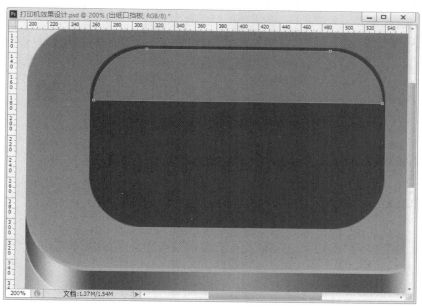

图 5.131 效果图

选择"矩形工具"绘制宽度为 274 px,高度为 8 px 的矩形形状,将其命名为"出纸口挡板厚度",并添加混合选项,效果如图 5.134 所示。

①内阴影:混合模式为正常,颜色#888888,不透明度为100%,角度为90°,不使用全局光,距离为1,阻塞为0,大小为0,效果如图 5.132 所示。

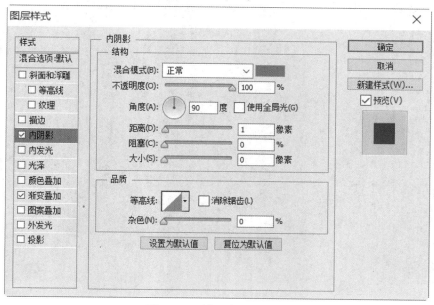

图 5.132 设置内阴影效果

145

②渐变叠加：混合模式为正常，不透明度为100%，样式为线性渐变，角度为90°，颜色色值从左向右为#2e2e2e（色标位置0）—#424242（色标位置100），效果如图5.133所示。

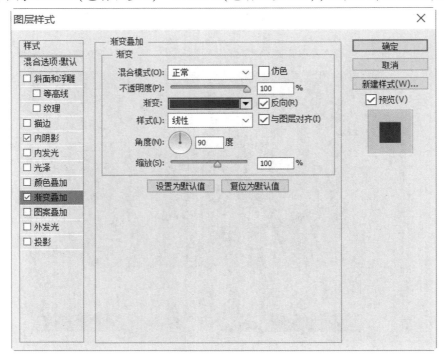

图5.133　设置渐变叠加效果

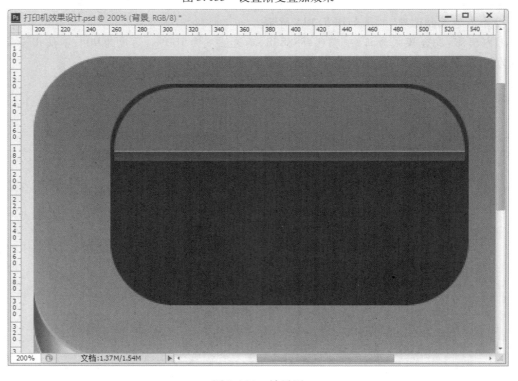

图5.134　效果图

　　选择一张素材"/1. jpg"照片,变换大小移动到相应位置,添加图层蒙版,对蒙版添加一个黑色到白色的透明渐变从上向下拉。并给图片添加投影,效果如图 5.136 所示。

　　设置投影效果:混合模式为正片叠底,不透明度为 56% ,角度为 90°,不使用全局光,距离为 1,大小为 1,参数设置如图 5.135 所示。

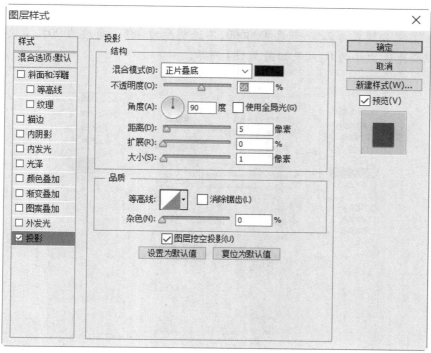

图 5.135　设置投影效果

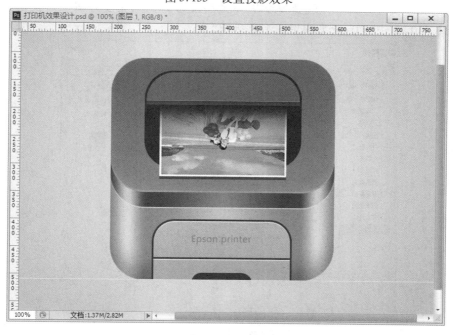

图 5.136　效果图

147

（8）绘制开关

选择"圆角矩形工具"，在画布中单击鼠标左键，弹出"创建圆角矩形"弹出层，设置宽度为 34 px，高度为 75 px，半径为 50 px，并勾选"从中心"选项，然后单击"确定"按钮，在图层面板将图层名称改为"开关背景"，颜色修改为#191919，移动到相应位置，对其添加混合选项，效果如图 5.139 所示。

①内阴影：混合模式为正常，颜色#000000，不透明度为 48%，角度为 90°，不使用全局光，距离为 5，阻塞为 0，大小为 0，效果如图 5.137 所示。

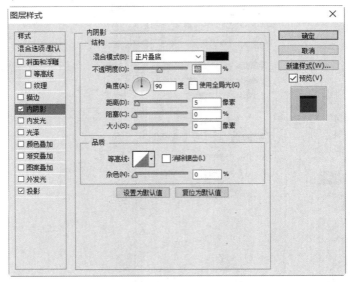

图 5.137　设置内阴影效果

②投影：混合模式为正常，颜色#c9c9c9，不透明度为 100%，角度为 90°，不使用全局光，距离为 1，扩展为 0，大小为 0，效果如图 5.138 所示。

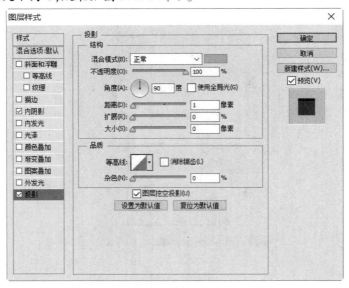

图 5.138　设置投影效果

图 5.139　效果图

选择"椭圆工具",在画布中单击鼠标左键,弹出"创建椭圆"弹出层,设置宽度为 24 px,高度为 24 px,并勾选"从中心"选项,然后单击"确定"按钮,在图层面板将图层名称改为"开关按钮"。并移动到相应位置,对其添加混合选项,效果如图 5.142 所示。

①渐变叠加:混合模式为正常,不透明度为 100%,样式为径向渐变,角度为 90°,颜色色值从左向右#323232(色标位置 0)—#525252(色标位置 100),参数设置如图 5.140 所示。

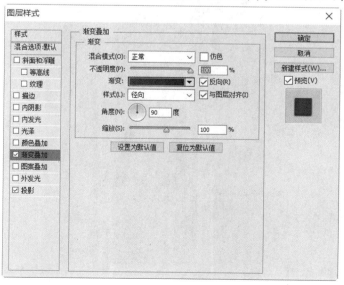

图 5.140　设置渐变叠加效果

149

②投影:混合模式为正常,颜色#000000,不透明度为100%,角度为90°,不使用全局光,距离为2,扩展为0,大小为3,效果如图5.141所示。

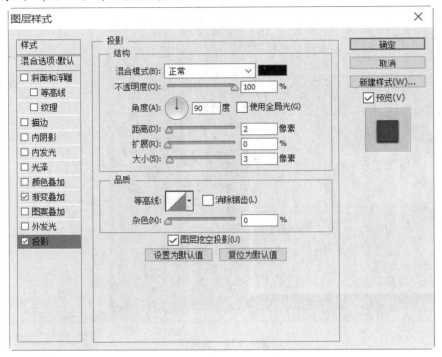

图 5.141　设置投影效果

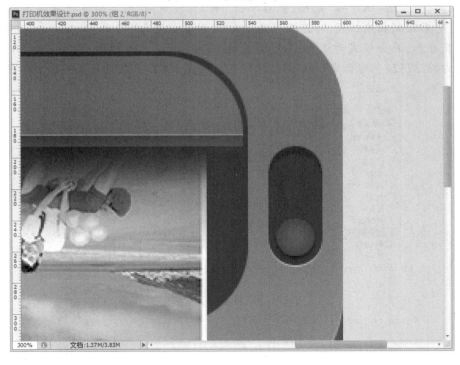

图 5.142　效果图

选择一张"素材/2.png"照片，变换大小移动到相应位置，修改颜色为#ff9c00，效果如图5.143所示。选择圆角矩形工具绘制3个一样大小的圆角矩形，分别用三原色填充颜色，最终效果如图5.144所示。

图5.143　效果图

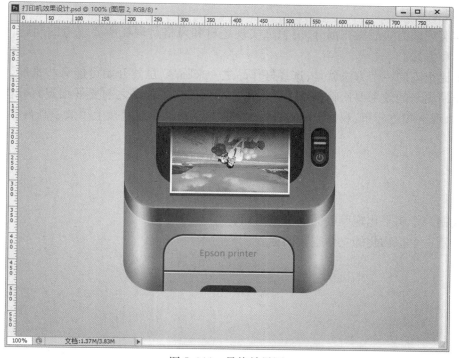

图5.144　最终效果图

5.4　经验总结:如何设计图标

设计一个 ICON 的过程大致需要 3 个阶段:
①确定 ICON 的题材,即表现内容。
②确定表现风格,写实? 单一物体? 还是小场景?
③构思具体怎么实现,突出亮点。
3 个阶段的详细介绍如下所述。

(1) 确定题材

需要从大的方面来考虑 ICON 的制作,可以先想想一些必要问题的答案:为什么要设计这个 ICON? 这个设计的需求是什么? 什么题材可以满足这些需求? 这个题材能做到很好地表达吗? 问题可能一时半会儿没有答案,没关系,带着问题去看作品,看最好的作品,就会在别人的成果中得到启示,随手画草图也是激发灵感的好方法。思考之后在脑海中确定要画什么,最后限定一些客观条件(比如做一套图标时间是不是允许,某个题材细节是不是太复杂导致无法完成),选择几个题材作为备选方案。如果并不是商业需求,那么可以从感兴趣的题材入手,这更能激发自己的创作欲望。

(2) 确定表现风格

用一些主客观的条件来挑选表现风格,比如根据现在 ICON 设计的流行趋势来选择写实风格;根据所要表达的主题选择材质等。物体的展现形式是什么? 单个物体还是物体组合? 色彩搭配怎么用才能突出主题? 趣味性应怎样展现?

(3) 具体实现

具体实现即为实战操作部分,应怎么实现题材和风格是现在所要思考的问题,要去选择技巧工具和方法。

性价比很高的一个方法就是,选择好作品之一来临摹,虽然开始可能有些难度,但是坚持临摹好作品出来的效果要比临摹水平一般的作品好很多。临摹之前要仔细观察分析,观察光源的位置、观察颜色分布、观察 ICON 的层次。想好了再动手比直接上手效率高得多。

5.5　能力拓展

①绘制一个扁平化轻厚度的电视机图标。
②绘制一个拟物化的立体空调图标。

第 6 章
系列图标

6.1　系列图标的概念

　　系列图标一般为某一款手机或者是某款移动端特有的、风格类似的一系列手机图标。通常包含应用市场、设置、主题、相机、拨号、联系人、短信、浏览器、图库、音乐、视频、游戏中心、日历、时钟、电子邮件、文件管理、手机管家、手机服务、语音助手、天气、计算器、备忘录、录音机、收音机、备份、系统软件更新、下载内容、应用安装等手机系统图标及不同产品所特有的功能图标，系列图标设计如图 6.1—图 6.3 所示。

图6.1　系列图标设计1

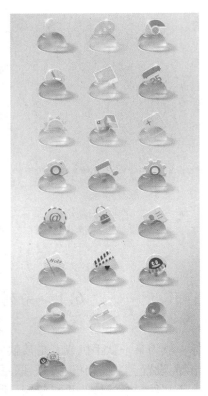

图 6.2　系列图标设计 2

图 6.3　系列图标设计 3

系列图标的特点及设计方法如下所述。

（1）特点

手机系列图标具有下述特点。

①独特性：有独特的设计创意和设计风格。

②表现力：有感染力的艺术表现手法，视觉效果突出，能够将设计创意完美表达。

③易用性：信息传递准确，符合使用逻辑和用户习惯。

④规范性：图标内容完整，完成度高，符合产品设计规范。

⑤统一性：系列图标要求所有图标具有统一的风格，在视觉上具有一致性。一致性并非是完全相同而是指在变化中求统一。

（2）设计方法

"创意（想法—定位—收集—交互）—草图—制作"，是创意图标的核心。

创意，首先是提出想法，来自对系列图标设计灵感来源，创意的灵感来自于"一个物品、一个故事、一段音乐等，其实……应该是源于生活的积累"。源于生活的设计才是最打动人的设计。然后收集与"想法"有关的文字及图片资料来丰富它。运用发散思维，在"想法"中找到适合的系列图标风格。接着就是用纸和笔绘制草图。草图效果基本出来后再进行计算机绘制，得到效果图。系列图标草稿如图 6.4 所示，效果图如图 6.5 所示。

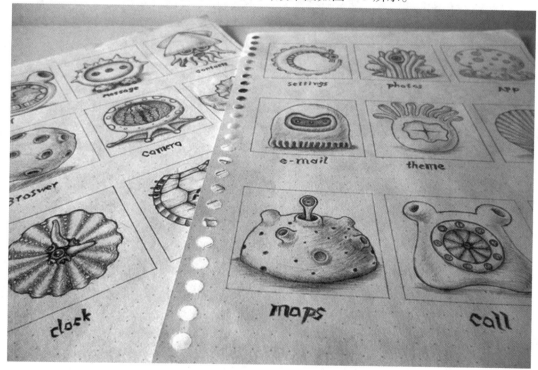

图 6.4　系列图标草稿

图6.5　系列图标效果图

下面通过一个实际案例来了解系列图标设计的具体步骤。

案例操作

图6.6所示为系列图标的一个制作案例。该系列图标的灵感来自于"道家文化"。此系列图标的创意分别从视觉与绘意两个方面来讲解。

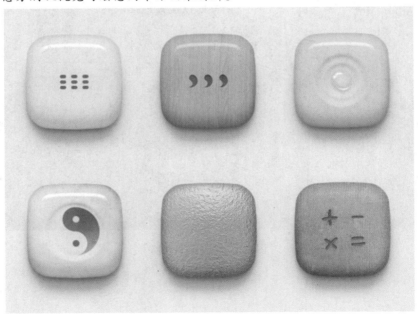

图6.6　效果图

（1）视觉

①形：系列图标，首先考虑整齐性。作者在形状上采用的是统一背板模型，再通过主元素和色彩进行个性化、功能化区分。背板形状采用了介于圆形和方形之间的"6°滑边"设计，使其看起来独特而不失美感。内部元素遵循一般设计规则及"五行"概念法则，如图6.7所示。

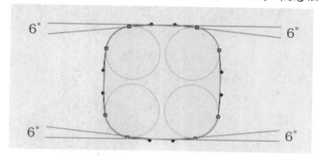

图6.7　效果图

②色：考虑原则一般为贴合主体和美观。五行色为：属金为白色、金色；属木为青色、绿色；属水为黑色、蓝色；属火为红色、紫色；属土为黄色、棕色。再将主题色汇入一定的灰色，降低纯度，以形成统一的色调，如图6.8所示。

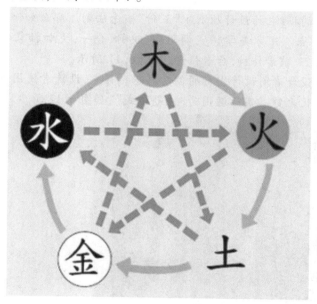

图6.8　效果图

③质：质感，即物品的材质体现感——肌理。在质感的选择上突出"五行"。五行源于自然，归于自然。所以设计者选用了自然的肌理，如玉石、砂石、清水、金属、泥土、天空、植物等。除此之外，设计者在自己的作品中加入了陶瓷元素。因为，中国陶瓷艺术家——刑良坤"陶瓷乃是天地之物，从开始到产出，经历了金、木、水、火、土的全部过程，五行所蕴含的相生相克之意在陶瓷身上体现得淋漓尽致"，如图6.9所示。

④光：是针对写实效果的，为关键点。光使用有3个维度：角度、高度、强度。如光滑材质的反射呈现高光。非光滑材质的反射呈现漫反射。一套主题中不同图标的光的维度使用必须一致，如图6.10所示。

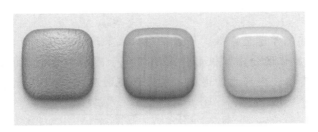

图 6.9　效果图

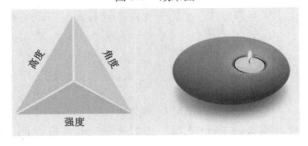

图 6.10　指示图

（2）绘意

绘意即具体图标的描绘，为设计原则＋"五行"概念法则。那么如何融入五行？首先需要了解东西方美学的特点。东方美学讲究调阴阳、映衬、合一，更加抽象化。西方美学讲究对称、整体、比例，具象化。前者传神，后者传形，如图 6.11 所示。

接下来单个分析设计者所设计图标的创意思想。首先，设计者使用五行标志性的太极图标，意为循环往复，变化无穷。实际运用为"主题样式"，如图 6.12 所示。

油画　　　　　　　　　丹青

西方园林　　　　　　　东方园林

图 6.11　效果图

图 6.12　效果图

在设计"华为商店"图标的时候，作者考虑到黄金与白银在五行中同属金，属金的颜色为黄色和白色。实际运用为"商店"与"交易"，如图 6.13 所示。

"收音机"与"录音机"这两个图标，设计者设计得非常有意思。一个为收音机，另一个为录音机。同一种物质(声音)，一收一录，阴阳之意蕴含其中。在五行中，黑色属水、红色属火，体现了这两个图标的相反功能，如图 6.14 所示。

"语言助手"图标，设计者使用了莲藕的形象，将其抽象为话筒，孔眼采用不规则的排序，意为自然无为。而"备份"图标，运用该了"一方有物，一方无物"的手法，意为实则虚之，虚则实之，如图 6.15 所示。

图 6.13　效果图　　　　　　图 6.14　效果图　　　　　　图 6.15　效果图

体会了设计者的创意思源，最后来看看系列图标的最终效果图，如图 6.16 所示。

图 6.16　最终效果图

6.2　系列图标制作

　　6.1 节讲解了系列图标的设计方法,本节主要通过几个图标案例讲解图标的具体制作方法,并如何将设计者的想法实现到效果图中。

　　6.1 节的主题是以大自然的材质作为图标的背板,首先来绘制一种逼真玉石感的图标背板,从而体会设计者的制作方法,如图 6.17 所示。

　　在开始制作前,需要了解玉石的特征。玉石最重要的特征就在于它的色泽和光感。色泽要圆润,光感要通透,所以高光部分是不可或缺的,同时也要注意体现背光的区域及阴影的处理,这样结合起来就能充分地表现出玉石的光泽,而且立体感十足。

图 6.17　效果图

　　新建适宜的画布,背景色填充为灰色。再用圆形的形状工具绘制,通过布尔运算构建环形。如图 6.18 所示,并设置带有绿色色相的颜色填充。

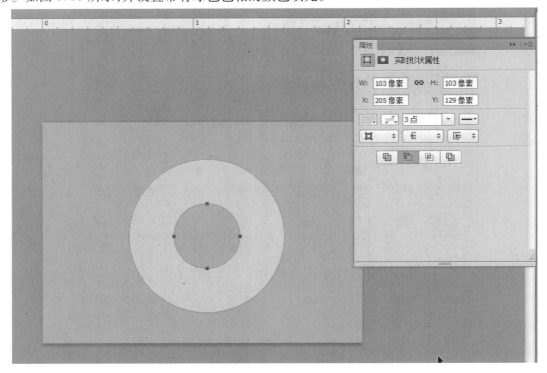

图 6.18　效果图

　　双击"环形图层"新建图层样式,会用到"斜面与浮雕""等高线""内阴影""投影"等几个属性,参数设置如图 6.19 所示,效果如图 6.20 所示。

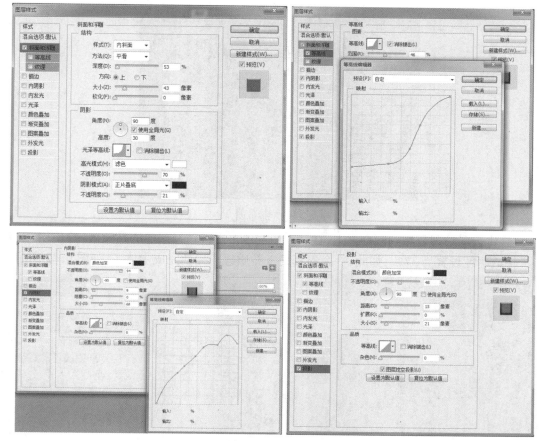

图 6.19 参数设置

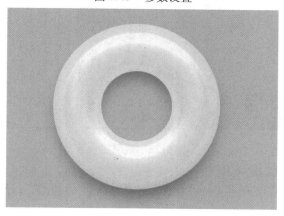

图 6.20 效果图

接下来制作一些玉石的自然纹理,另外新建一个画布(尺寸大于圆圈即可),将前景色与背景色分别调整为纯黑与纯白,再使用"滤镜"→"渲染"→"云彩",得到如图 6.21 所示效果图,可以反复多次重复效果,直到得到需要的效果。

图 6.21　效果图

最后将云彩纹理复制到圆环之上，在纹理图层单击右键选择创建剪贴蒙版，并使用"颜色加深"将透明度设置为 37%，如此，一个逼真的玉石质感图标就完成主体了，如图 6.22 所示。

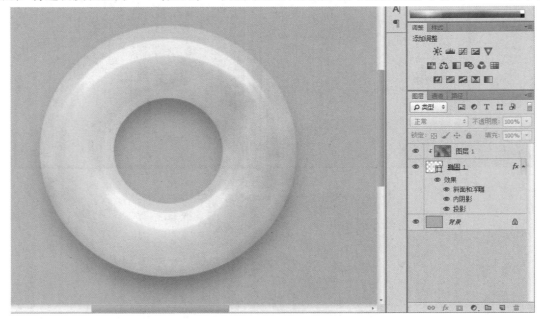

图 6.22　效果图

Q 问题　如何重复滤镜效果呢？
　　　　可以通过"菜单栏"→"滤镜"→"上次滤镜操作"，还可以直接使用快捷键"Ctrl + F"，执行这项操作。

6.3　经验总结：如何设计系列图标

　　系列图标除了创意思维外，还必须遵循图标设计的一些原则，其中最重要的是一致性。首先是同一主题的图标家族，根据前面的介绍，同一图标要根据具体应用环境，设计出不同尺寸以及色深度的图标家族成员,然而尺寸以及色深度的变化,可保持图标外观的一致。其次是同一系统的不同图标之间,也要在风格上有一致性。再次是第三方图标和功能及手机自带的应用图标之间也要尽可能一致。尽管系列图标的图标数量多,但是也要做到每个图标精致。精致即精细极致。看似简单的图标其实并不是随便了事,但知道了这些基本要素设计者就可以完成一个合格的图标了。好的图标是谨慎认真地注重每一笔每一像素每一矢量锚点的,尽可能往精美优雅的方向设计,效果如图 6.25 所示。

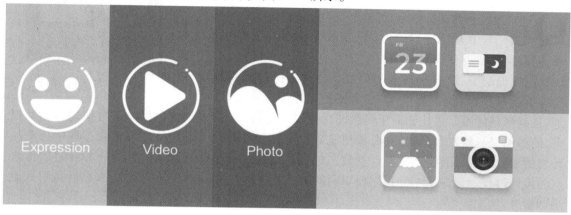

图 6.23　效果图

除系列图标的统一性设计之外,每个单独的图标还需要注意很多细节上的设计。

（1）比例协调

图形内部结构要注意元素构成之间的比例,有黄金比例分割也有感性的平衡方法。严谨的图标比例可参照苹果 IOS 图标规范案例,处理好内部统一结构线进行图形绘制和比例分配,效果如图 6.24 所示。

图 6.24　效果图

(2) 视差平衡

同一个尺寸规格,但根据不同形状的图标,会导致面积占比引起的视差大小不同,但要在参考尺寸范围内绘制进行调整。图6.25 所示图标示例都是占满方框使用边缘绘制,感觉这样好像是准确的,但由于人的视错觉原理,所以做的设计就要暂时抛开科学,以人的真实情况去判断再进行调整。

图 6.25　效果图

Q问题　系列图标的设计需要怎样的设计技巧?

在做图标设计时,应追求设计上的美感与视觉效果,同时也需要一些设计的技巧。比如,拟物化设计就是尽可能地绘制烦琐细节,追求丰富和相似度。而剪影图标则是相反,以简练为绘制手段,但也需要细节、需要更加谨慎认真地注重每一笔,且越来越优雅。再比如简单剪影图标绘制方法技巧,3 个步骤可以完成,看似简单却又很难,简单的是只绘制参照物轮廓,保留基础识别性,步骤很少;难的是在调整的过程中与产品环境的融合性、易用性,还有设计者自己的创意想法。说简单点就是去繁择简并经过思考改造的设计过程。而最基本的是需要犀利的眼神抓住造型的关键节点,雏形出来以后再根据想法调整。

6.4　能力拓展

利用 Photoshop 软件绘制"糖果"系列图标。首先,分析糖果系列图标的图标风格与色彩。如图 6.26 所示,图标风格为拟物化,色彩风格为"马卡龙"色系,每个图标的背板都是导圆角的矩形,背板都有一定的厚度和高光,看起来像晶莹剔透的糖果。每个图标的主要图案都嵌在图标背板里。

图 6.26　效果图

现在选择一个图标(图 6.27)进行讲解,并解析制作的方法。打开 Photoshop 软件,新建画布,将背景色填为蓝色。用形状工具绘制一个圆角矩形,绘制的时候需要按住"Shift"键,这样绘制出来的矩形才是正方形,如图 6.28 所示。

图 6.27　效果图　　　　　　　　　　图 6.28　效果图

将矩形填充为渐变的红色,上面浅、下面深,如图 6.29 所示。

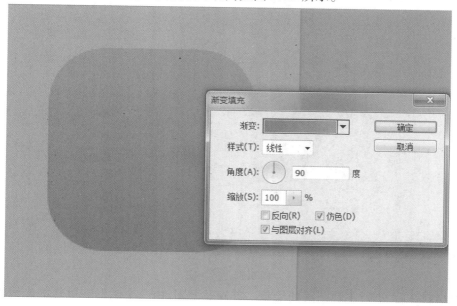

图 6.29　效果图

添加矩形的红色边框和浮雕效果。红色边框在绘制时,注意边框位置为向外。需要注意的是在设置浮雕效果时,暗部的颜色一定是比图标红色稍微深些的颜色。请不要使用黑色,这样会使图标的颜色显得很脏,如图 6.30 所示。

添加背板的高光部分,分别为上高光和下高光。上高光为两个大小适宜的白色椭圆形,用椭圆形状工具绘制,并调整位置。下高光为渐变效果,可以复制矩形,调整颜色为白色,添加图层蒙版,用画笔擦出渐变效果,注意在使用画笔时,画笔硬度设置为 0,需要不断调整画笔的透明度与流量的百分比以及画笔的大小,如图 6.31 所示。

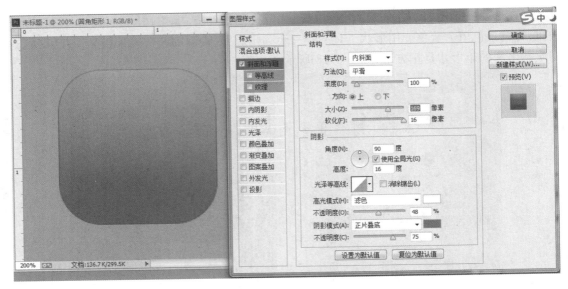

图 6.30　效果图

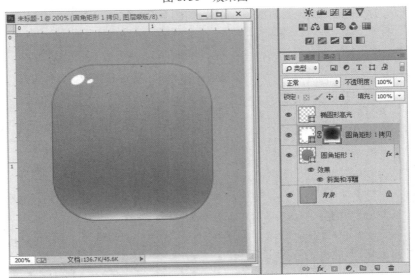

图 6.31　效果图

　　背板绘制好后,进行主题图案的绘制。首先是太阳,由一个圆形和旋转的光线组成。光线的绘制是这个部分的难点。第一步,绘制一个长方形,接着用"路径选择工具"选中,进行复制与粘贴(快捷键"Ctrl + C"与"Ctrl + V"),然后使用自由变换工具,旋转到令设计者自己满意的角度。最后按住"Ctrl + Shift + Alt + T"复制上一步的动作得到旋转的光线,如图 6.32 所示,在该形状图层绘制一个圆形,且路径组合形式为"减去底层",如图 6.33 所示。将太阳的圆形绘制出来与光线居中对齐,颜色为径向渐变填色,并加上椭圆形高光,由于光线和椭圆的投影是一样的,所以将这两个图层组合成一个图层组,再添加投影,效果如图 6.34 所示。

图 6.32　效果图

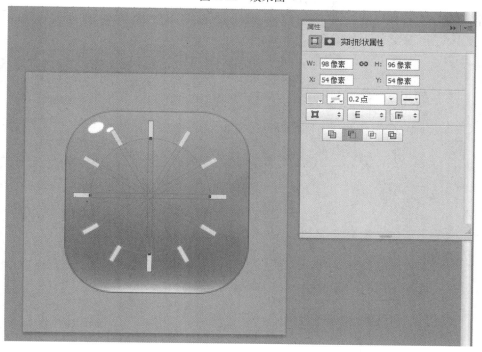

图 6.33　效果图

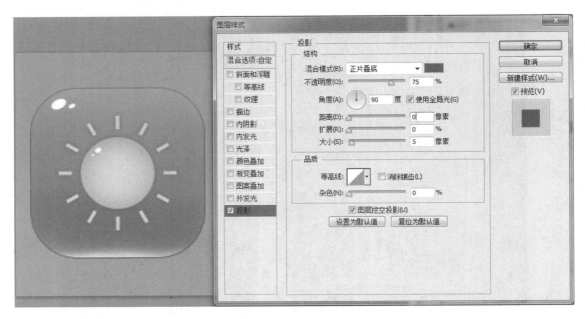

图 6.34　效果图

　　绘制太阳的眼睛、腮红和嘴。眼睛为一个深棕色的椭圆形加上高光,如图 6.35 所示,腮红由两个圆组成,首先绘制椭圆并进行高斯模糊处理,如图 6.36 所示,再加上高光。嘴直接用钢笔工具勾出,最终效果如图 6.37 所示。

图 6.35　效果图

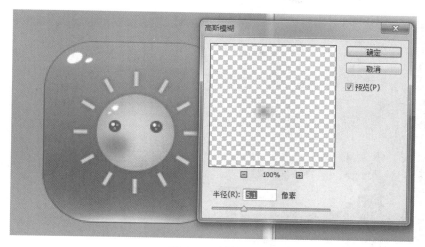

图 6.36　效果图

图 6.37　最终效果图

最后，绘制云朵及添加整个图标的投影。云朵是由 4 个椭圆形拼接而成，如图 6.38 所示。在背板图层上添加投影，完成制作，如图 6.39 所示。

图 6.38　效果图

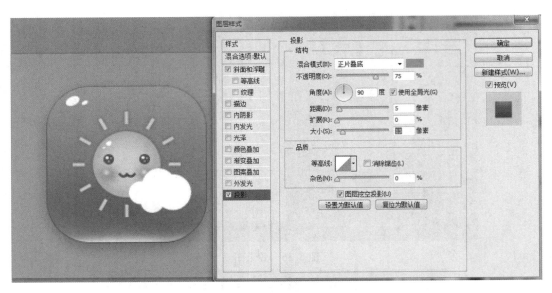

图 6.39　效果图

第7章
综合案例设计

7.1 音乐播放器界面设计

音乐播放器是一种用于播放各种音乐文件的多媒体播放软件,是涵盖了多种音乐格式的播放工具,如 MP3 播放器、WMA 播放器、MP4 播放器等。其不仅界面美观,而且操作简单,可以带领用户进入一个完美的音乐空间。

音乐播放器是 UI 界面设计中一个适合用于进行综合练习的对象,在实现播放器功能的同时达到 UI 界面设计的美观效果,同时音乐播放器在 PC 端、移动数码产品端、手机端都有不同的表现手法。在设计音乐播放器的设计界面时,首先要注意的是实现功能界面后再考虑界面美观程度的表现。

下面通过一个实际案例来了解按钮制作的具体步骤。

案例操作

如图 7.46 所示为音乐播放器的一个制作案例。该音乐播放器是一个简单的拟物化风格音乐播放器,其由一些简单的矩形和圆形图形加图层样式和功能按钮所组成。

操作步骤如下所述。

(1)新建文件

执行"文件→打开"命令,在弹出的对话框中设置各项参数及选项。设置完成后单击"确定"按钮,新建空白图像文件,如图 7.1 所示。

(2)绘制圆角矩形

单击圆角矩形工具,在其属性上选择形状选项,填充色为深紫色,圆角半径为 30 px,如图 7.2 所示。

(3)增加图层样式

单击图层样式面板窗的图层样

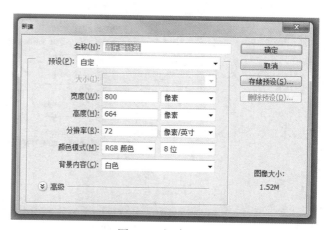

图 7.1　新建文件

式工具,选择渐变叠加和投影样式,如图 7.3—图 7.5 所示。

图 7.2　绘制圆角矩形

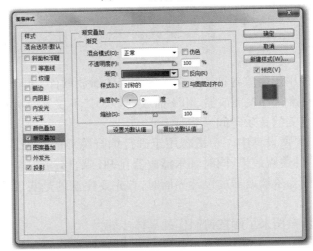

图 7.3　渐变叠加图层样式

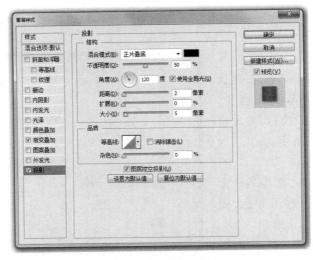

图 7.4　投影图层样式

图 7.5　图层样式效果

（4）增强画面粉红色区域

单击新建图层工具新建一个图层，并使用画笔工具（硬度为 0，流量为 50%），用吸管工具选取粉色颜色后对粉色区域进行增强，如图 7.6、图 7.7 所示。

图 7.6　增强粉红色区域 1　　　　图 7.7　增强粉红色区域 2

（5）绘制矩形区域

选择矩形工具，新建图层，绘制矩形区域并填色，如图 7.8 所示。

（6）制作文字效果

选择文字工具，输入文字，并增加内阴影、颜色叠加、投影图层样式，如图 7.9—图 7.12 所示。

图 7.8　绘制矩形区域　　　　图 7.9　制作文字效果

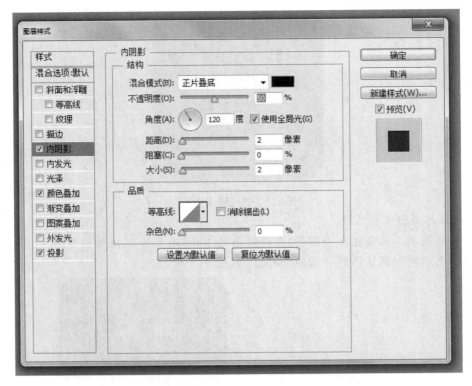

图 7.10　内阴影图层样式

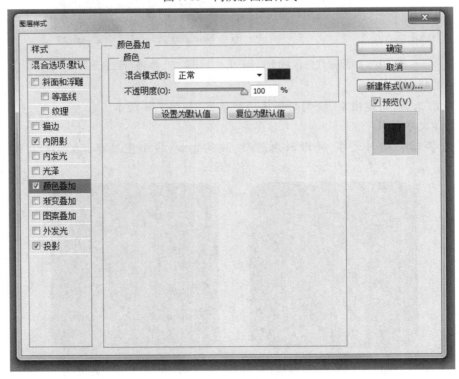

图 7.11　颜色叠加图层样式

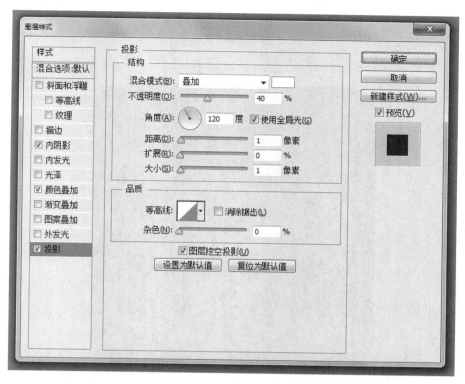

图 7.12　投影图层样式

（7）加入素材

将提供的素材加入画面中，如图 7.13 所示。

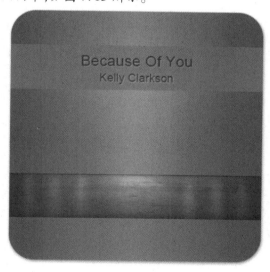

图 7.13　加入素材

（8）绘制矩形

新建图层，绘制矩形并添加描边、渐变叠加、投影图层样式，如图 7.14—图 7.18 所示。

图 7.14   绘制矩形

图 7.15   绘制矩形

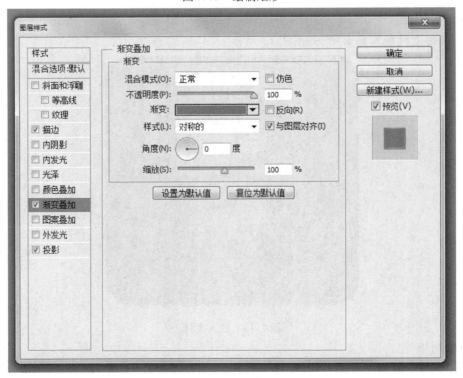

图 7.16   渐变叠加图层样式

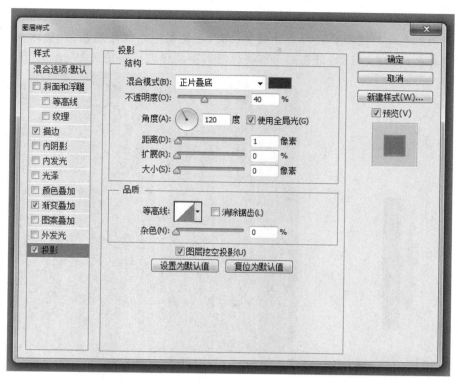

图 7.17　投影图层样式

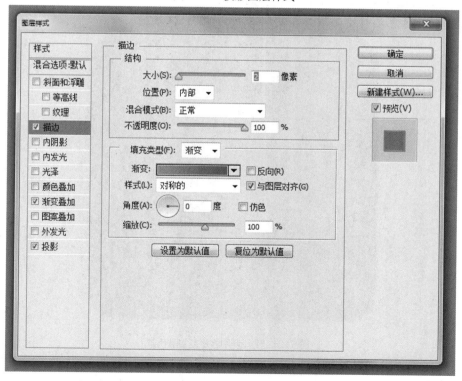

图 7.18　描边图层样式

（9）复制图层

将做好的红色矩形选框复制两次并调整位置,再复制一个红色选框,改变方向并改变渐变叠加图层样式的颜色(注意:蓝色矩形框去掉阴影图层样式),如图 7.19、图 7.20 所示。

图 7.19 绘制蓝色矩形框   图 7.20 复制图层并改变颜色

（10）为蓝色矩形框新建阴影图层并复制拖动

新建图层为蓝色选框绘制阴影并复制图层,如图 7.21 所示。

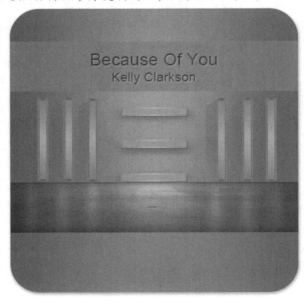

图 7.21 绘制阴影并复制图层

（11）绘制下方圆角矩形部分并填色

新建图层绘制音乐播放器下方圆角矩形形状并填色,如图 7.22 所示。

图 7.22　绘圆角矩形形状并填色

（12）更改图层叠加模式并添加图层样式

　　将音乐播放器下方圆角矩形形状图层叠加模式更改为色相，并添加内阴影图层样式，如图 7.23—图 7.25 所示。

图 7.23　更改图层叠加模式

图 7.24　添加内阴影图层样式

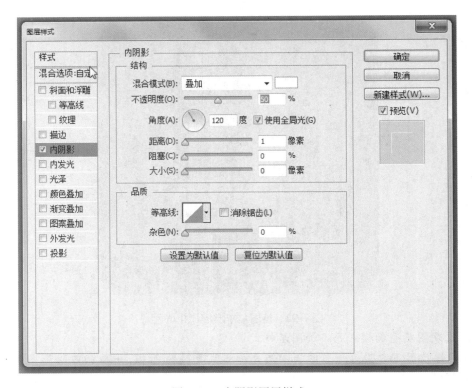

图 7.25　内阴影图层样式

（13）绘制功能图标并添加图层样式

新建图层绘制音乐播放器的功能按钮，并添加内阴影、渐变叠加、投影图层样式，如图
7.26—图 7.30 所示。

图 7.26　绘制音乐播放器功能按钮

图 7.27　音乐播放器功能按钮效果

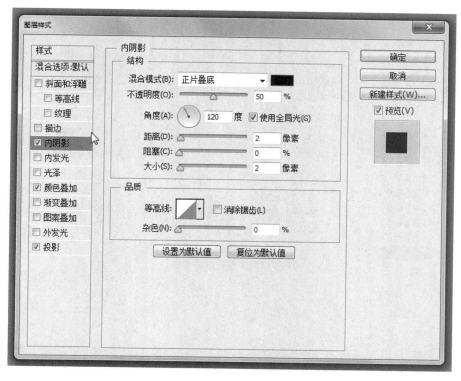

图 7.28　音乐播放器功能按钮内阴影图层样式

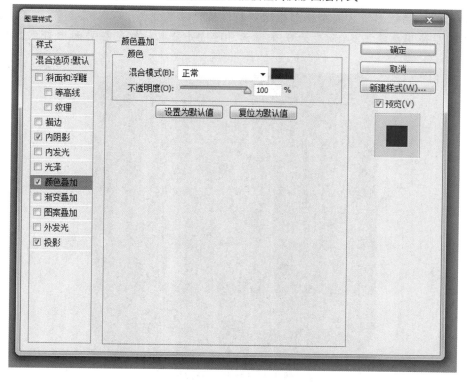

图 7.29　音乐播放器功能按钮颜色叠加图层样式

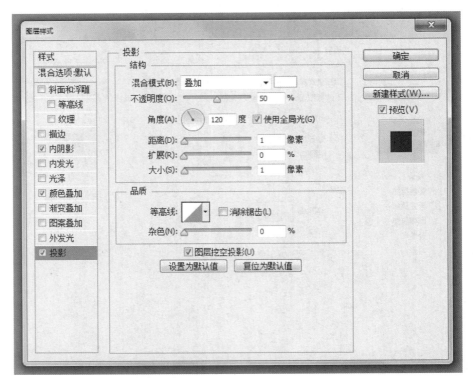

图 7.30　音乐播放器功能按钮投影图层样式

（14）为音乐播放器下方圆角矩形框增加粉红反光效果

新建图层使用画笔工具（硬度为 0，流量为 30%）并拾取粉红色在画面中着色，如图 7.31 所示。

图 7.31　粉红反光效果

（15）绘制播放按钮

新建图层,绘制圆形图形,给圆形图形添加图层样式,新建图层并绘制圆角三角形,然后给圆角三角形添加图层样式,如图 7.32—图 7.44 所示。

图 7.32　绘制圆形

图 7.33　绘制圆形

图 7.34　绘制圆圈

图 7.35　添加图层样式

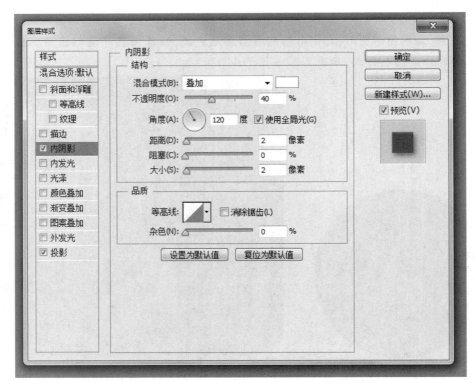

图 7.36　内阴影图层样式

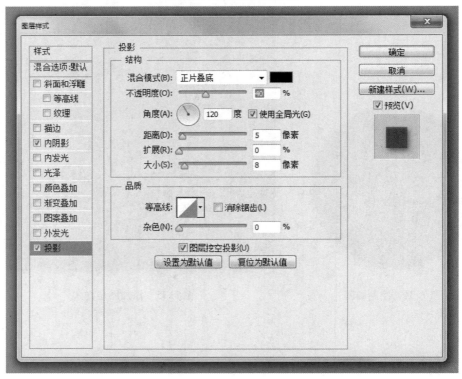

图 7.37　投影图层样式

图 7.38　绘制圆角三角形

图 7.39　绘制圆角三角形

图 7.40　圆角三角形图层样式

图 7.41　圆角三角形图层样式

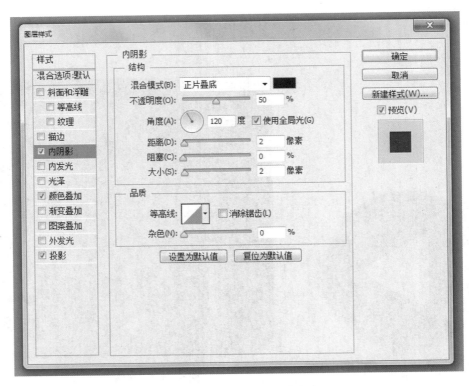

图 7.42　内阴影图层样式

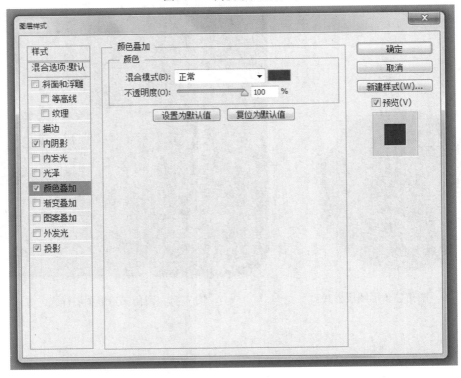

图 7.43　颜色叠加图层样式

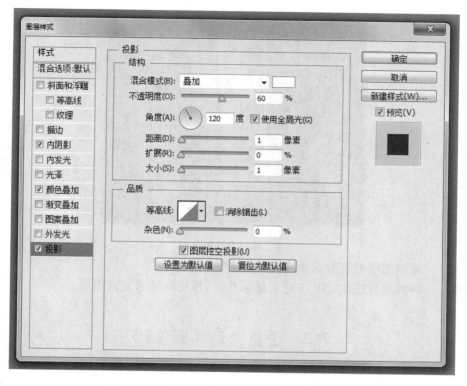

图 7.44 投影图层样式

（16）继续制作其他按钮

新建图层，绘制剩余按钮并添加图层样式，如图 7.45 所示。

图 7.45 播放器最后效果

（17）添加背景

新建图层，添加渐变效果并拉至底层，如图 7.46 所示。

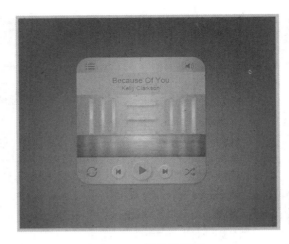

图 7.46　最终效果图

Q问题 复制图层有没有方便快捷的方法呢？
可以通过按住"Alt 按键 + 鼠标左键"拖动物体来复制图层。

7.2　手机主题界面设计

当手机的功能、技术趋同时，用户的关注点将会从手机功能技术层面转移，界面视觉设计将是用户购买产品的决定性因素。一个设计优良的界面，用户不需要过多书面语言的指导，就可以根据界面中色彩、图形、布局等设计元素的引导对产品进行操作，从而形成良好的用户体验。

目前主流的手机系统是 IOS 和 Android 系统。IOS 系统是一个相对严谨的系统，系统的主题界面不易更换，更多的设计来自于第三方软件的界面设计；而相较于 IOS 系统，Android 系统赋予了用户最大的自由度，用户可以根据自己的使用习惯从而"定制"系统与界面，这一点使得 Android 系统成为设计师最喜爱的手机系统，在 Android 系统中，设计师可以随意发挥自己的想法去设计自己的手机界面，也使各大手机供应商能够创立自己独特的理念系统界面。但是在设计手机主题界面的之前，设计师务必要了解下述内容。

（1）以功能实现为基础而设计

界面设计属于交互设计的一种，任何界面的设计都是为了满足功能而存在的，通过界面设计，让用户明白操作，是界面设计的基础。

（2）以情感表达为重点而设计

通过界面设计从而给受众一种情感上的表达，是设计真正的魅力所在。受众在接触作品时的感受与设计师想表达的情感产生共鸣，是界面设计的重中之重。

（3）以环境和情境因素而设计

任何一个交互界面的设计都离不开使用的情境与环境，所以在设计界面之初就要考虑到方方面面的受众群与使用情境。

了解了这些设计重点，就可以开始着手设计手机的主体界面了。

7.2.1 Android 手机图标设计

手机图标就像计算机图标一样,是一个程序的标记。如照相机、设置、信箱、通讯录等。通常为透明背景的图片,如 PNG 格式。在手机中一半内置的图标都是经过美化的,后来安装的软件因为个人制作,在一定程度上不是那么完美,包括大小、尺寸、比例等,如果使用者觉得不美观,可以到安装目录比对标准的图标尺寸后进行替换,用 Photoshop 或者其他绘图软件工具制作。

Android 手机的图标设计相较于 IOS 手机的图标设计就自由了很多,由于 Android 系统的公开平台,设计师可以更自由地设计手机的界面以及图标。

下面通过一些实际案例来了解 Android 手机的图标设计。

案例操作 1

图 7.47 所示为一组 Android 手机扁平化图标设计案例,现选取其中的相机图标来进行设计制作。

图 7.47　扁平化图标案例

操作步骤如下所述。

(1)新建文件

执行"文件→打开"命令,在弹出的对话框中设置各项参数及选项。设置完成后单击"确定"按钮,新建空白图像文件,如图 7.48 所示。

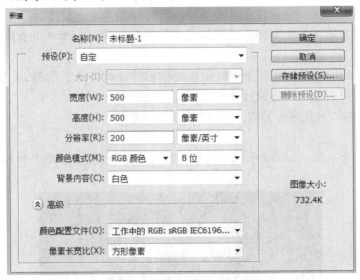

图 7.48　新建文件

(2)绘制同心圆

单击图形工具,选择"自定义图形选项",绘制同心圆,并使用"路径选择工具"调整图形位置和大小,如图 7.49、图 7.50 所示。

图 7.49　绘制同心圆并调整大小

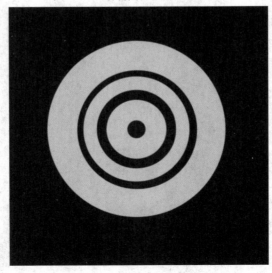

图 7.50　绘制同心圆并调整大小

（3）左上角圆形

单击图形工具，选择"圆形选项"，按住键盘上"Shift + 鼠标左键"拖动绘制圆形，并使用"路径选择工具"调整图形位置和大小，如图 7.51 所示。

图 7.51 绘制左上角圆形

（4）更改图形模式

在图形工具栏，将绘制好的左上角圆形形状更改图形模式为"减去顶层形状"，如图 7.52 所示。

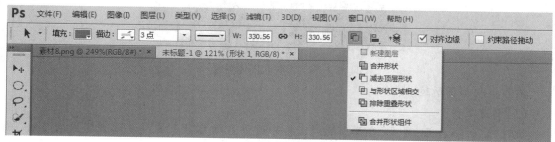

图 7.52 更改图形模式

（5）绘制矩形并更改图形模式

在图形工具栏中，模仿上一步绘制矩形并调整位置，将处理好的图形形状更改图形模式为"减去顶层形状"，如图 7.53 所示。

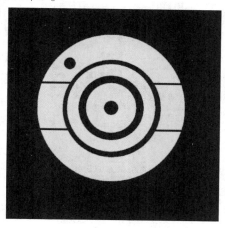

图 7.53 绘制矩形并更改图形模式

191

案例操作 2

图 7.54 所示为一组 Android 手机拟物化图标设计案例。现选取其中的文件夹图标来进行设计制作,效果如图 7.73 所示。

图 7.54　拟物化图标案例

操作步骤如下所述。

(1)新建文件

执行"文件→打开"命令,在弹出的对话框中设置各项参数及选项。设置完成后单击"确定"按钮,新建空白图像文件,如图 7.55 所示。

图 7.55　新建文件

（2）绘制圆角矩形

运用圆角矩形工具绘制图形并填色，如图 7.56、图 7.57 所示。

图 7.56　绘制圆角矩形

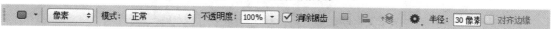

图 7.57　圆角矩形参数

（3）添加图层样式

给圆角矩形工具增加图层样式效果，如图 7.58、图 7.59 所示。

图 7.58　添加图层样式效果

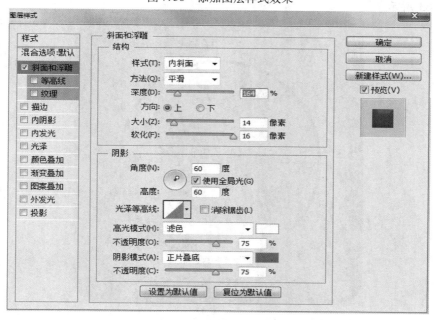

图 7.59　图层样式效果参数

（4）运用选区工具绘制光泽效果

运用选区工具选项绘制方形选区，并添加羽化参数，如图 7.60、图 7.61 所示。

图 7.60　绘制光泽效果

图 7.61　光泽效果选区参数

（5）绘制同心圆

运用自定义形状工具绘制两个同心圆，填色后运用形状选择工具调整同心圆大小，如图 7.62、图 7.63 所示。

图 7.62　同心圆效果 1

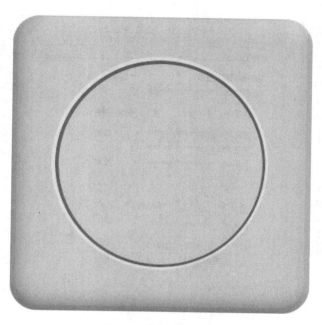

图 7.63　同心圆效果 2

（6）绘制文件夹

运用钢笔工具绘制文件夹边框,将图层填充效果设置为"0",然后添加图层样式,如图 7.64、图 7.65 所示。

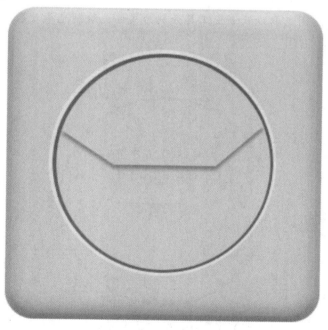

图 7.64　绘制文件夹

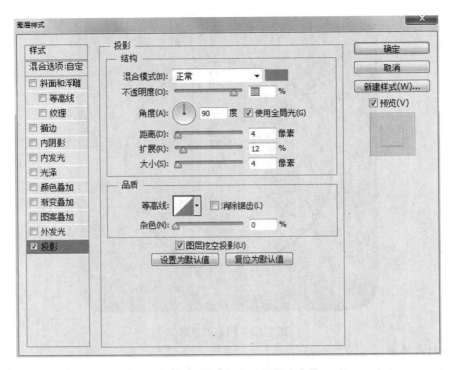

图 7.65　绘制文件夹图层样式参数

(7)绘制文件夹光泽效果

新建 3 个图层,运用选取以及渐变工具分别为文件夹绘制光泽效果,如图 7.66—图 7.68 所示。

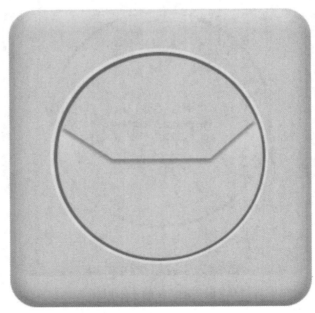

图 7.66　绘制文件夹光泽效果 1

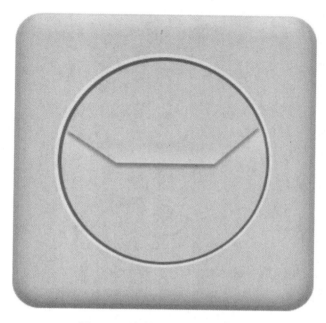

图 7.67　绘制文件夹光泽效果 2

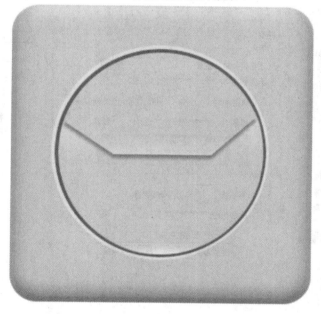

图 7.68　绘制文件夹光泽效果 3

（8）绘制文件夹纽扣

运用自定义形状工具绘制同心圆并调整大小，再添加图层样式，之后复制图层，如图 7.69、图 7.70 所示。

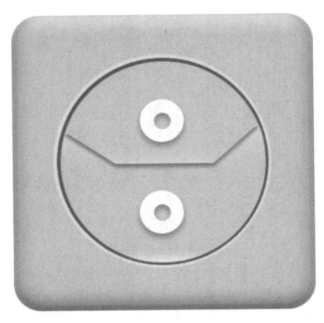

图 7.69　绘制文件夹纽扣

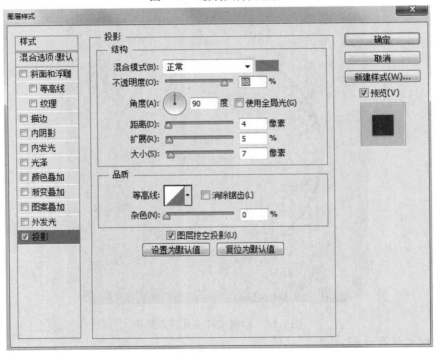

图 7.70　绘制文件夹纽扣参数

（9）绘制文件夹纽扣线条

运用钢笔工具绘制文件夹线条，再复制纽扣的图层样式，如图 7.71 所示。

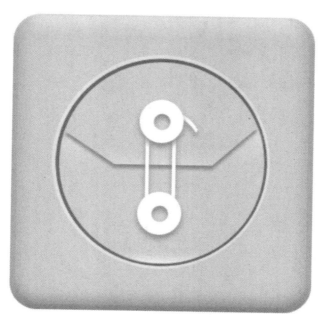

图7.71 绘制文件夹纽扣线条

（10）绘制文件夹高光

运用圆形选取工具并添加羽化选项绘制文件夹高光，如图7.72所示。

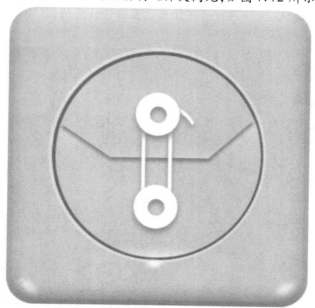

图7.72 绘制文件夹高光

（11）绘制文件夹整体亮部

新建图层并运用渐变工具绘制文件夹整体亮部，如图7.73所示。

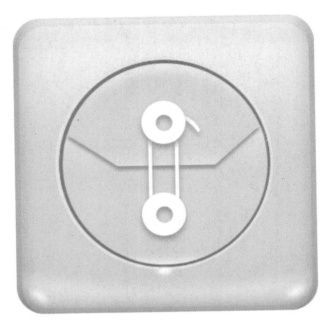

图 7.73　绘制文件夹整体亮部

案例操作 3

图 7.74 所示为一组 Android 手机的微拟物化图标设计案例,现学习并制作照片图标的效果,如图 7.87 所示。

图 7.74　微拟物图标

操作步骤如下所述。

(1)新建文件

执行"文件→打开"命令,在弹出的对话框中设置各项参数及选项。设置完成后单击"确定"按钮,新建空白图像文件,如图 7.75 所示。

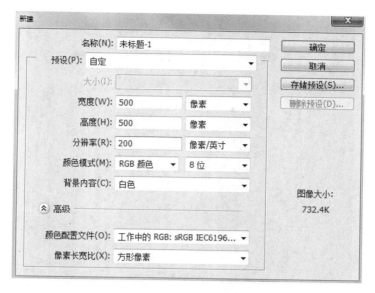

图7.75　新建文件

（2）填充背景色

对背景填充颜色，如图7.76所示。

图7.76　填充背景色

（3）新建圆角矩形框

使用圆角矩形框工具新建形状并填充颜色，如图7.77所示。

图 7.77 新建圆角矩形框

（4）添加图层样式

对图形添加投影图层样式，如图 7.78、图 7.79 所示。

图 7.78 添加投影图层样式

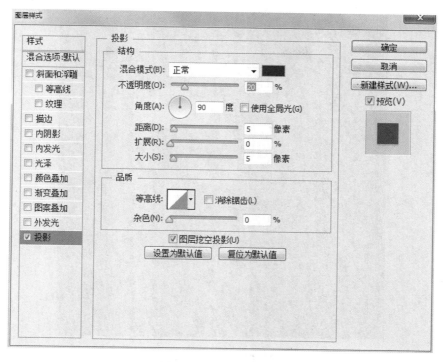

图 7.79　图层样式参数

（5）填充背景色

使用钢笔工具绘制白云图层，复制白云图层并调整大小，如图 7.80、图 7.81 所示。

图 7.80　绘制白云

图 7.81 复制白云图层

（6）填充背景色

在图层面板创建新图层，创建剪贴蒙版，绘制圆形并填充颜色，如图 7.82、图 7.83 所示。

图 7.82 创建剪贴蒙版

图 7.83 绘制剪贴蒙版效果

（7）复制剪贴蒙版

按住"Alt"键并在移动工具状态下拖动图形，以复制图层，并改变颜色，如图 7.84 所示。

图 7.84 复制剪贴蒙版

（8）添加图层样式

将复制出的图层添加投影图层样式，如图 7.85、图 7.86 所示。

图 7.85　添加投影图层样式效果

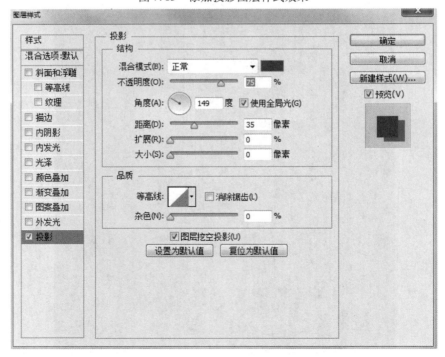

图 7.86　添加投影图层样式效果参数

（9）绘制黄色圆形

创建新的剪贴蒙版并绘制黄色圆形形状，最后调整好图层顺序，如图 7.87 所示。

图 7.87 绘制黄色圆形

 创建剪贴蒙版有快捷键吗？

有，同时按住"Ctrl + Alt + G"快捷键可将图层更改为剪贴蒙版。

7.2.2 Android 手机锁屏、时间、天气、壁纸页面设计

2007 年在苹果的发布会上，由乔布斯第一次为观众展示滑动解锁的那一刻，使 UI 设计走进了全世界。

手机锁、时间、天气背景页面是手机界面设计展示的重要页面，所以在手机界面的设计中则需要充分地把握这几个页面的设计，重视用户的体验过程，而这个体验过程则是设计师需要考虑的重要部分，手机界面设计不单单是对画面进行设计，而是需要将用户的体验与画面设计完美地结合在一起而产生的设计。

下面通过一些实际案例来了解 Android 手机的锁屏页、时间、天气、背景页面的设计。

案例欣赏

以下是几组 Android 手机主题设计案例，如图 7.88—图 7.103 所示。

图 7.88　冬季手机主题界面 1　　　　　　　　　图 7.89　冬季手机主题界面 2

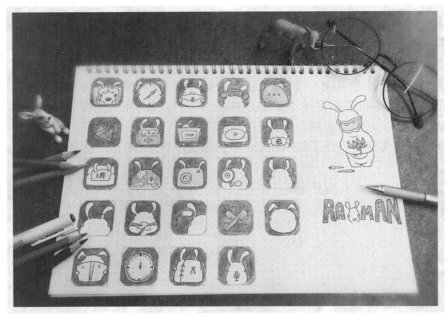

图 7.90　卡通风格手机主题草图

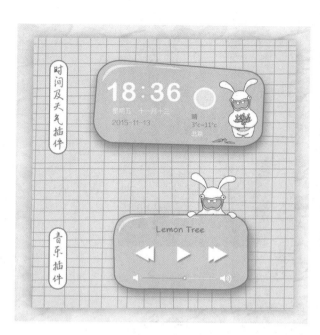

图 7.91　卡通风格手机主题时间、天气、音乐插件

图 7.92　卡通风格手机主题界面

图 7.93　蓝色主题手机界面 1　　　图 7.94　蓝色主题手机界面 2　　　图 7.95　蓝色主题手机界面 3

图 7.96　梦幻背景主题手机界面

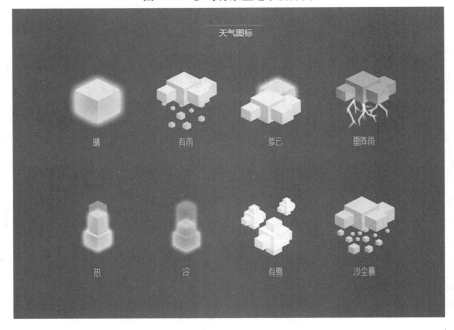

图 7.97　方块主题手机主题天气图标

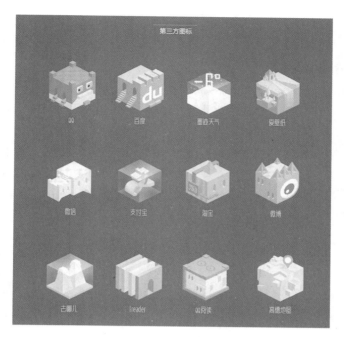

图 7.98 方块主题手机主题图标

图 7.99 方块主题手机主题界面

211

图 7.100 简约风格手机主题界面设计 1

图 7.101 简约风格手机主题界面设计 2

图 7.102 空灵风格手机主题界面设计 1

图 7.103 空灵风格手机主题界面设计 2

Q 问题　手机主题界面设计主要有哪些页面需要设计？

手机主题页面设计一般主要分为手机锁屏页面、手机壁纸、手机图标页面、手机天气页面、手机时间页面、手机音乐播放器页面以及整体展示页面需要设计。

7.3　经验总结：如何设计 APP 界面

常见的 3 种 Android 手机的主题风格为扁平化图标、拟物化图标以及微拟物化图标。从前述的案例中可以看出，单一的手机图标设计对画面的要求与整体的手机图标有着很大的区别，整体的图标设计首先需要界定其整体风格，也就是拟物化、扁平化或者扁平拟物化。再是确定主题，主题是一个界面设计的灵魂，其决定着手机主题的整体色调、形状以及整体特征等诸多因素。接下来的其余设计都要由主题衍生而来，现分析一下其各自有什么特征。

首先是扁平化手机图标。从制作上来看，扁平化手机图标的设计似乎是最简单的，因为没有过多的图层样式去修饰图标，整体给人的视觉感官是简单、大方。扁平化手机图标的设计方法可以用"浓缩"与"提炼"来概括，类似于一本书的目录与简介，是精华。扁平化手机图标的设计也是如此，虽然是随着 IOS 所衍生出的一系列流行趋势，但扁平化手机图标也是比较难设计的，因为没有多余的空间给设计师去思考与设计，例如是一套 100 m^2 的房屋，设计师可以设计出很多花样，但如果是一套 20 m^2 的房子，留给设计师的空间就少之又少了。所以扁平化图标设计的重点在于对图标的浓缩提炼与重塑。

其次是拟物化手机图标。拟物化手机图标相较于扁平化手机图标，制作过程就显得烦琐一些，拟物化手机图标的特点就是将图标设计得尽量精致，以凸显质感与光影，拟物化图标对图标设计的细节要求非常高，需要设计师对图标凹凸有致的细节进行精细的设计。

最后是微拟物化图标。微拟物化图标的设计要求既有扁平化手机的简约，又有拟物化图标的光影关系，微拟物化图标的设计重点在于将拟物化与扁平化图标的特点进行综合取舍，在同时包含两种风格图标特征的同时，又有微拟物化自身的特性。

手机图标在设计时需要从以下 4 点进行逐步分析。

①外轮廓。常见手机图标的外轮廓有圆形与方形，也有圆角方形或多边形等形态。图标的外轮廓与手机的主题有着紧密联系，例如设计师设计一个以星球为主题的手机图标主题时，就不能将图标设计成异面多变型的外形，而是尽可能地用圆形或带有圆角的形状来设计图标的外轮廓。

②颜色。手机图标的颜色往往定义在主题颜色的同一色系内，图标的颜色为了突出整体性，往往需要与主题相互呼应，图标的颜色可根据其功能或种类进行排序，并在同一色系内进行设计。

③图形。手机图标的图形设计指的是设计师根据图标的功能设计出的图标样式，图标的图形化需要设计师有着较高的图形掌控能力，例如相机图标，设计师往往会使用相机的镜头来进行图形的提炼与概括。对图标的图形设计应该采用大众普遍接受或共识度较高的图形来进行设计。

④正负空间。正负空间是指手机的外轮廓与手机图标的图形设计这两个图形相减的空间，这一点也是设计师容易忽略的一点。一些手机的图标设计外轮廓非常简练，图标、图形却

非常复杂,就使得图标的负空间区域差强人意。正负空间这一点设计师们可通过分析和鉴赏其他优秀作品来提升自己对图形正负空间的把握。

图标虽然是手机界面设计的重点,但如果能够将手机的锁屏、壁纸、时间天气等页面共同搭配,就会提升界面的整体设计感,因为图标只是界面设计的一部分,并不是全部,这一点也是需要考虑的。

7.4 能力拓展

①对优秀的手机主题页面进行临摹制作(图标、锁屏页面、壁纸、天气时间页面、音乐播放页面、整体展示页面)。

②选定一个手机主题风格,如森林、卡通、简约、巴洛克等风格。

③根据选定的主题进行思考,并绘制图标草图。

④将设计草图在计算机中具体化并进行二次设计。

⑤图标设计完成后进行锁屏页面、壁纸、天气时间页面、音乐播放页面进行融合设计。

⑥制作整体展示页面。